未讀 | 探索家

UNREAD

THE ASTEROID HUNTER

小行星猎人

A SCIENTIST'S JOURNEY TO THE DAWN OF OUR SOLAR SYSTEM

[美] 但丁·劳雷塔 著
荀利军 译

DANTE S.LAURETTA

天津出版传媒集团
天津科学技术出版社

著作权合同登记号：图字 02-2025-003 号

图书在版编目（CIP）数据

小行星猎人 / (美) 但丁·劳雷塔著；苟利军译.
天津：天津科学技术出版社，2025. 3. -- ISBN 978-7-5742-2713-2

Ⅰ. P185.7-49

中国国家版本馆CIP数据核字第2025CW1792号

小行星猎人
XIAOXINGXING LIEREN
选题策划：联合天际
责任编辑：马妍吉　程　雨
出　　版：天津出版传媒集团 / 天津科学技术出版社
地　　址：天津市西康路35号
邮　　编：300051
电　　话：（022）23332695
网　　址：www.tjkjcbs.com.cn
发　　行：未读（天津）文化传媒有限公司
印　　刷：三河市冀华印务有限公司

关注未读好书

未读 CLUB
会员服务平台

开本 880 × 1230　1/32　印张8.75　字数180 000
2025年3月第1版第1次印刷
定价：58.00元

本书若有质量问题，请与本公司图书销售中心联系调换
电话：(010) 52435752

献给凯特、桑德尔和格里芬，

这段旅程属于我们所有人。

目录

第三部分

序章

贝努

我们太阳系中最危险的岩石是小行星贝努（Bennu）。

贝努的直径大约与帝国大厦的高度相当，其质量相当于一艘航空母舰。贝努仅反射照向它表面的阳光的一小部分，是我们太阳系中最暗的物体之一，大多数其他小行星反射的阳光是其5倍。

1999年9月11日，麻省理工学院林肯实验室的科学家发现了贝努，该实验室负责监视天空，搜寻来自外国和星际深渊的潜在威胁。贝努立即引起了科学家的兴趣，因为其暗色表面表明它富含碳，这意味着它是一种罕见的小行星，可以提供大量有关生命基本成分和宜居世界基础的信息。数十亿年前，可能正是像贝努这样的天体带来了构成我们细胞中的生物分子、我们饮用的水和我们呼吸的空气中的化学物质。

今天，科学家们对贝努感兴趣，是因为它构成了重大威胁。如果人类不采取措施阻止它，且导致它撞击地球的所有必要条件都同时满足，那么在2182年9月24日，贝努将以36马赫

（27 000英里[1]每小时）的速度撞击地球表面，就像一列货运火车撞向地球。它将穿越大气层，发出比正午的太阳还要亮数倍的光芒。撞击将释放相当于1450兆吨TNT的爆炸能量。下面让大家有个更直观的理解：历史上所有核试验所释放的总能量估计为510兆吨，贝努的坠落将瞬间使这一能量的数字增至3倍。

在某些方面，地球几乎不会对这样的事件有所察觉：地球的轨道和轴线将保持不变。从其他与人类更相关的方面来看，贝努坠落的后果将是毁灭性的。

贝努的撞击将形成一个4英里宽、半英里深的陨石坑，并引发6.7级地震。撞击发生后大约15秒，距离坑洞数十英里范围内的区域将遭受一次气爆冲击，这是由贝努的高超声速穿越大气层及其撞击地表所释放的巨大能量驱动的。风力将超过5级飓风的20倍，声波将比来自四面八方的空袭警报声还要响亮。好奇的旁观者蜂拥至窗前观看火球，将被内爆的玻璃窗碎片迎头击中。住宅将被夷为平地，只有少数人能幸存下来，这将取决于他们所处的位置和随机运气。办公大楼和高速公路桥梁将扭曲、变形并最终崩塌。树木将被吹倒；那些保持挺立不倒的树木，其枝叶亦将统统被剥落。

又过了15秒——距离贝努撞击后还不到1分钟——贝努猛烈"挖掘"出的泥土和岩石碎片将如雨点般散落在这片受损区域。贝努抛出的最大岩石将有16层楼高。撞击过后，由于该区域无

1　1英里约等于1.61千米。——译者注（如无特殊说明，本书脚注皆为译者注）

法进入，停电、食物和水源短缺以及通信中断的现象将持续数月。

简而言之，贝努撞击将是一场重大的自然灾害和人道主义灾难。最直接、最严重的破坏将集中在撞击点数十英里范围内，但即便距离撞击点较远，数百英里范围内的区域也会因此出现灾难性后果。如果小行星撞击的是主要人口中心，死亡人数将令人震惊。

贝努的运行轨道非常接近地球。正因如此，我们才有机会提前意识到潜在的威胁，进而评估、筹划和应对可能发生的灾难。如果这块太空岩石真的会撞击地球，人类将面临一个艰难的选择：开始规划疏散世界上的一片可能遭受撞击的广阔区域，或者启动发射任务将贝努从其运行轨道上击落。无论采取哪种方式，我们都需要尽可能多地了解贝努。

2011年，美国航空航天局（NASA）授予我10亿美元来完成这一任务。这项任务不仅包括向贝努小行星发射航天器，还包括将它的一块碎片带回地球。

这是一个已经酝酿了45亿年的故事。

第一部分

插曲

两个碳原子

很久以前,两个碳原子在一颗恒星的中心诞生并纠缠在一起。

这是一颗老化的恒星，即将走到生命的尽头。在其一生中，这颗恒星一直能够抵御引力的无情牵引。起初，这很容易。只需抓住任意4个氢原子并将它们融合在一起，直至形成氦灰，产生足够的压力来抵消引力的牵引——这是一种辉煌的稳态。氢是如此丰富，以至于这颗恒星感觉它将永远存活。

但氢并不是无限的，这颗恒星在诞生30亿年后的某一天终于耗尽了氢气。引力是有耐心的，它总是赢家，它慢慢地将恒星的外层拉向内部。最终，恒星核心的压力变得如此之大，以至于氦开始燃烧，产生了新的元素：氮、氧——以及碳，包括那两个相同的、纠缠在一起的原子。

剩余的氦比它的前身氢燃烧得更快。10亿年后，这颗恒星被耗尽了。它并非默默无闻地结束生命。它储存的剩余的氢和氦在随机区域中达到了核反应的温度。由此产生的能量激增将恒星碎片向四面八方抛射，同时将碳原子双胞胎释放到太空中。

这两个碳原子从它们破碎的母恒星中加速离开。它们冷却并结晶。它们与其他碳原子相遇并结合在一起，形成了石墨块。这些石墨在星际介质中漂泊了数百万年，直到它们被一颗新恒星的引力牵引，这种引力如此强大，以至于形成了一个由气体和尘埃组成的旋转光环。

这些石墨在原始星盘中与氧气燃烧，形成了两个新的二氧化碳分子，它们迅速逃逸到太空中。这对碳原子双胞胎渴望彼此相伴，但旋转的气体和尘埃盘却动荡不安，它们无法坚持在一起。它们被撕裂，各自与周围尘埃云中散落的金属颗粒相撞。金属表面催化了一种化学反应，将每对双胞胎转化为黏稠的焦油。那些被焦油覆盖的金属颗粒附着在它们附近的尘埃颗粒上，使它们成长为卵石。卵石成长为巨石，巨石成长为小行星。

碳原子双胞胎待在它们各自的宿主小行星内部，穿越太空，朝随机方向飞行。其中一颗小行星被抛向太阳内部，在遇到其他类似自己的天体后，它像滚雪球一样聚集成巨大的行星。另一颗则安顿在了新生地球的地壳中。数十亿年后，它融入了一个名叫但丁·劳雷塔（Dante Lauretta）的人类的遗传代码中。

流浪的碳原子避免了这种命运，其宿主小行星在早期太阳系的混乱中幸存下来，距离它的兄弟10亿英里远，它在火星和木星之间的带状区域定居下来，进入了一个相对稳定的轨道。这两个碳原子注定会在2023年9月24日再次相遇，当OSIRIS-REx探测器将小行星贝努的样本交到翘首以盼的但丁的手中。

第一章
起源

1992年夏末，我在亚利桑那州图森市一家名为“迈克之家”（Mike's Place）的简餐酒吧当早餐厨师。除了大家熟悉且廉价的老密尔沃基啤酒，“迈克之家”还提供0.99美元的早餐（两个鸡蛋、土豆煎饼和烤面包片），非常适合用来消解前夜的宿醉。有天上午10点左右，亚利桑那大学兄弟会的一帮男生像冬眠后醒来的熊那样跌跌撞撞地走进店里，他们神志不清，饥肠辘辘，每人都点了三四份特价早餐。我在烤架后面像机器一样熟练地煎着鸡蛋，灵巧地躲开飞溅的油花。

做早餐已经成了我的第二天性。过去4年里，我一直靠这样的工作赚钱供自己上大学。当我的身体忙于翻动土豆煎饼和打鸡蛋时，我的意识可以自由地思考其他事情。

我当时很担心，因为我即将开始大学的第5年，也是最后一年。就在几周前，我还开着我心爱的1972年款消防红大众面包车（昵称“格斯”），跟着“感恩至死”（the Grateful Dead）乐队在太浩湖附近的内华达山脉露营，在我的面包车里为太平洋山脊步道上疲惫的徒步旅行者做饭，而后回到了图森。

已经第5年了。这个思绪在我脑海中回荡。我从未打算在图森待5年，只是事情自然而然地发展成这样了。在上个学年结束时，我还没有准备好进入下一阶段。我已经完成了理论数学专业的所有课时，但我知道那不是我要走的路。如果再上一年学，我可以探索物理和日本文化，同时可以争取更多时间来攒钱，把即将到来的学生贷款推迟一年再偿还。我希望在踏上人生的下一阶段前找到明确的方向。

我是在远离城市的环境中长大的，住在一辆由三脚架支撑着

1992年前后，但丁和一位朋友跟随“感恩至死”乐队巡演（但丁·劳雷塔个人照片）

的单宽拖车里，拖车停靠在一条长长的土路尽头。前院是土，后院是土，亚利桑那州的沙漠像一片未开垦的荒野一样包围着我们。每隔几周，我们就必须开数英里车来装满500加仑的水箱。

家庭生活并不美好。我父亲沉溺于酗酒和吸食大麻，直到我12岁时，母亲把他赶了出去。从那以后，我就像父亲一样照顾自己的两个弟弟，他们分别比我小6岁和8岁。

我的解脱来自对沙漠这个奇异世界的探索。我收集金属碎片，为自己和弟弟们建了一个“堡垒”，一个在父母争吵时可以安全藏身的地方。我寻找可以游泳的水坑，搜寻宝石和矿物。在沙漠里，我寻找奇迹和消遣——而且两者都找到了。

我特别喜欢流连于旧矿场遗址，想象着那些曾经在这片荒芜的土地上安营扎寨的人，他们开始挖掘这些不可思议的宝藏，睡在坚硬的地面上，随着日出而起。我会仔细翻寻这些矿渣，每当诱人的矿物标本从废墟中显露出来时，我都会感到一种因发现而有的兴奋。

在沙漠中，我能够重新塑造自己，扮演任何角色，成为一个勇敢的冒险家，一个行走在未知世界的探索者。在一次难忘的探险中，我成功说服了邻居家的一个孩子随我进入一个废弃的矿井。我的朋友紧张不安，而我毫不退缩地向前迈进，展现出了在家中自己希望展示的那种勇敢姿态。过了一会儿，我听到身后传来蛇的嗞嗞声，这意味着情况变得危险起来。于是，在隧道里等待好几个小时后，我的朋友从最近的农场带回一个陌生人，那条蛇很快就被手枪击毙。虽然那天下午的探索行动没有达成目标，但我并没有感到失望，反而沉醉在迄今为止最大胆的冒险经历的回忆中。

我不确定是年轻时的混乱生活塑造了我的个性，抑或是它仅仅彰显了我本来的个性——无论如何，我的个性已然“根深蒂固”，并持续至今。即使在父亲离开后，在母亲带我们搬到凤凰城郊区、生活稍微平稳下来后，我依然渴望挑战各种事物的极限，看看自己究竟能够走多远。

像大多数处境艰难的聪明孩子一样，我凭直觉认为上大学是一条出路，一条摆脱无尽的经济困境、填补自身欲望的出路。由于我家没有人上过大学，大学在我心中几乎具有神话般的地位。

现在，经过4年的学习，我发现自己正处在一个十字路口。很快，我就要从亚利桑那大学毕业了，但我不清楚毕业后做什么。我在寻找一丝火花：一种可以点燃我的好奇心，激发我的思维……并能支付账单的东西。

随着早餐时段的人流逐渐减少，我的思绪回到了厨房。是时候打扫一下然后回家了，希望能把头发上的油渍弄干净。

那是9月里一个阳光明媚的星期六，我解开围裙，走出餐厅。在烤架前连续待9个小时对身体来说简直就是地狱，我坐在露台上稍事休息，然后步行回家。一手拿着5分钱1品脱（约473毫升）的老密尔沃基啤酒，另一只手拿着周五的学生报纸——《亚利桑那野猫日报》（*Arizona Daily Wildcat*）。我喝了好久，然后打开报纸，这时我看到了一整版的广告，用大块的、醒目的字体写着：

WORK FOR NASA（为美国航空航天局工作）

我拨开被汗水浸湿的头发，仔细阅读上面的小字，惊讶地发现这种可能性竟然存在。

那句标语在我脑海中回响。美国航空航天局（NASA）代表了精英中的精英——在我看来，它是美国政府中从事高难度工作并做得相当好的那种机构。他们提出重大问题，发射巨大的、勇闯未知领域的宇宙飞船去寻找答案。为NASA工作意味着站在人类探索的最前沿。

就好像我一辈子都在透过一扇肮脏的窗户看世界，如今它被擦得一干二净，我找到了自己的道路。

回到家后，我立即开始准备申请NASA本科生太空研究资助计划，满怀希望，期待能够得到那份工作。我不仅得到了它，而且它改变了我人生的整个方向。

✦✦✦

1960年4月一个凉爽的夜晚，一位戴着粗框眼镜、名叫弗兰克·德雷克（Frank Drake）的29岁科学家去往位于西弗吉尼亚州格林班克的美国国家射电天文台工作。他将一个直径85英尺[1]的碟形天线对准鲸鱼座 τ 星——一颗太阳大小的恒星，距离地

1　1英尺等于0.3048米，85英尺约为26米。

球约12光年。为纪念虚构的奥兹国公主，他将这次实验命名为“奥兹玛计划”（Project Ozma），将接收器调至1420兆赫（MHz），这是星际氢发射的无线电波的频率。该频率是被称为“水洞”（water hole）的无线电频谱的一部分，这是一个宇宙的静寂区，其中可以检测到氢和羟基（由一个氢原子和一个氧原子组成）。科学家称其为H谱线和OH谱线，它们在宇宙的任何地方都可见，并且是整个宇宙电磁频谱中最安静的部分。

德雷克在寻找外星文明的迹象。在接下来的两个月里，他每天花6个小时等待来自外太空的信息。搜寻地外文明计划，或称SETI，已经开始了。

德雷克并不是第一个考虑使用无线电波进行星际通信的人；一些最著名的技术先驱认为他们已经收到了来自外星人的信息。1899年，尼古拉·特斯拉（Nikola Tesla）独自在科罗拉多斯普林斯的实验室进行实验时，截获了奇怪的、无法识别的信号，这让他开始相信自己“是第一个听到一个星球向另一个星球问候的人”。1920年，意大利发明家古列尔莫·马可尼（Guglielmo Marconi）声称他接收到了类似的东西，并大胆地表示：“我相信这些信号完全有可能是其他星球的居民发送给地球居民的。”

1959年，朱塞佩·科科尼（Giuseppe Cocconi）和菲利普·莫里森（Philip Morrison）在《自然》（*Nature*）杂志上发表了一篇具有开创性的论文，他们提出通过扫描星系的窄带频率来寻找生命。正如我们多年来让无线电和电视广播信号飘向太空一样，科科尼和莫里森推断任何智慧文明都会做同样的事情。

虽然德雷克为期两个月的搜寻以失败告终，但它为科学界提供了急需的灵感。项目结束一年后，德雷克邀请了10位天文学家到西弗吉尼亚州，出席第一次关于外星智能的重要会议。莫里森和卡尔·萨根（Carl Sagan）也在场。还有一个名叫约翰·利里（John Lilly）的人，他是一位医生和哲学家，致力于与另一种外星智能形式——海豚——进行交流。他认为，了解动物如何相互交流，是了解其他星球上的生物如何交流的一个步骤。与会者对利里的研究非常感兴趣，他们决定自称"海豚会"。会后，利里给每位成员都送了一枚带有海豚图案的小银别针。

除了这个有趣的名字，这次会议对SETI研究的最大贡献是德雷克方程式，这是一个估计银河系潜在智能文明数量的公式：

$$N = R^{*} \cdot f_{p} \cdot n_{e} \cdot f_{l} \cdot f_{i} \cdot f_{c} \cdot L$$

N：银河系中可探测到无线电发射的文明数量。

R^{*}：适合智慧生命发展的恒星的年形成率。

f_p：具有行星系统的恒星的比例。

n_e：每个太阳系具有适合生命生存环境的行星数量。

f_l：适合生命出现的行星的比例。

f_i：出现智慧生命的孕育生命的行星的比例。

f_c：开发产生无线电波技术的文明的比例。

L：此类文明产生这些信号的平均年数。

这个方程式一开始并不是特别实用，科学家们没有具体的数字来填充其中的许多变量。相反，德雷克方程式给了科学家们一长串有待解决的问题。只有细化这个方程式中的变量，我们才能认真考虑如何寻找并与其他形式的智慧生命，即我们在银河系的宇宙邻居进行交流。

会议过后15年，NASA终于在1975年开始投入资金支持SETI项目，并在全美资助相关研究。然而，SETI在国会遭到了无情的嘲讽，被认为是在浪费纳税人的钱，因此这个项目在资金不足和得不到重视的情况下步履蹒跚地前进。最终，近20年后，科学界变得聪明了。他们没有直接以SETI的名义索要资金，而是对这个项目稍作调整，并想出了一个受人尊敬的新名称。1992年10月12日，就在我看到那则广告并赶回家申请太空补助计划的几周后，NASA正式启动了高分辨率微波巡天计划。

一知道SETI的存在，我就成了它的粉丝。扫描天空寻找外星人，这种概念听起来就像是我多年来一直在做的事情的高科技版本——围坐在篝火旁，喝着酒，努力思索那些宏大的问题：为什么物质是有生命的？为什么物质以这种方式排列组合，还能坐在这里提出这个问题？这种现象怎么可能仅限于宇宙某个小角落里的这一小粒尘埃呢？

我的室友扎克（Zac）和我在这方面完全一致。尽管我们都是囊中羞涩的学生，但我们还是凑钱订阅了《奥秘》（*Omni*）杂志，这本杂志妙趣横生地把科学和科幻小说融为一体，对一个年轻的科学家来说，它就像糖果一样诱人。1992年10月号刊登了权威人士弗兰克·德雷克本人的文章，介绍了NASA资助的外星智能探索计划。开篇段落纯粹是科学上的大话。德雷克冷静地预测，科学家“很可能在2000年之前在其他星球上发现智能生命”。我大声地把这些话读给扎克听时，我们俩都惊呆了。

那个月晚些时候，我终于收到了关于我申请的反馈，那是一封信件，来自一个叫做月球与行星实验室（Lunar and Planetary Laboratory，LPL）的地方。我感到困惑，我让扎克把书放下。“你听说过这个吗？”我问道，同时把信拿出来让他看回信地址。

“那一定是行星科学（Planetary Sciences）系。我记得在学科目录簿上看到过他们的课程。”

“我怎么从来没听说过这个？”我一边自言自语，一边从书架底部拿起那本厚重的目录簿，翻到“P”开头的部分。果不其然，那半页里挤满了一长串课程：太阳系探索、木星行星和卫星、宇宙化学原理（管他是什么鬼东西）。不知怎么回事，我在亚利桑那大学读了4年书，学了物理、数学、天文学和地质学，居然不知道还有这个系。

想起沙发扶手上放着的信封，我把目录放回书架上，然后颤抖着双手把信撕开。“是关于我的申请的！”

“祝贺你！”第一行写道，“你被选入亚利桑那州NASA本科生太空研究资助计划。”

“天哪，”我把信递给扎克，自己则瘫坐在沙发上，“我做到了，我真的得到了这份工作。”我做早餐的油腻日子终于要结束了。我试着想象自己会参与什么样的项目，这时我的目光落在了《奥秘》的封面上，封角已经皱褶。封面故事的标题用粗体大字突出显示：“《太阳系的起源》”，作者是卡尔·萨根和安·德鲁扬（Ann Druyan），而一艘未来感十足的宇宙飞船正从星际火焰中喷射而出。

✦✦✦

卡尔·德维托（Carl DeVito）博士的办公室是典型的学院派办公室，乱七八糟地堆放着一摞摞论文，书架上满是数学期刊，空气中弥漫着旧书和复印机油墨的气味。我自以为很熟悉数学系，它曾是我在亚利桑那大学的“家”。我在数学实验室做助教，借用他们的电脑做作业。尽管德维托博士已经在那里当了多年的教授，但我从未见过他，不过他现在是我的太空基金项目的导师。德维托一直在与语言学系的教授理查德·欧尔勒合作，他们共同开发了一种基于逻辑的语言来与外星社会进行交流。

当我坐下来时，德维托博士表现出了很大的热情，他说：“对SETI来说，这是一个激动人心的时刻。”

我微笑着点了点头，努力不让脸上的笑容太过灿烂——我不想看起来像个菜鸟。但事实是，我正在与一位受人尊敬的教授谈论与外星人交流的问题，并将为此获得报酬。这让我在座位上感到不安。

“当我们真的与外星生命取得联系时，我们需要一种能与他们交流的方式。这就是你加入的原因。”德维托博士说道。

我就知道这么多了。我的申请之所以成功，主要在于我独特的跨学科背景。多年来，我一直在学习语言学和科学。德维托的激情项目需要参与者在这两个学科中展现创造性思考的能力。

当他定义项目范围时，我能感觉到我们的想法很相似。德维托将SETI通信视为数学问题。而且，就像任何好的数学问题一样，他从假设开始。

“我们目前的SETI工作重点是搜索‘水洞’。”他开始说道。

我点了点头。德雷克在《奥秘》杂志上的文章提到过这点，我已经记得滚瓜烂熟了。

“因此，”德维托继续说道，“我们的文明与外星文明之间的任何联系都将通过这个频率范围内的无线电进行。这一假设首先意味着我们的通信员必须拥有足够的基本科学知识，至少足以建造无线电发射机。按照这个逻辑，他们应该能够学习基于基本科学原理的语言。”

任何能够制造无线电发射机的外星人都必须了解光波在太空中的传播情况。这样的设备是很复杂的，需要掌握详细的电学和磁学知识才能造出来。他们必须了解相同的宇宙基本事实，就像地球上的科学家那样能够建造射电望远镜。

“如果他们能够开发无线电技术，”德维托继续说道，当他意识到我已经跟上他的思路时，他的语速加快了，“他们可以计数，他们了解化学，他们熟悉熔点和沸点，并且他们理解气体的性质。如果我们分享所有这些常识，那么我们就可以交流数字、化学元素和物理单位（如克、卡路里、度等）。一旦建立了这套基本概念，就可以交流更多有趣的信息。”

“你们将如何交流有关化学元素的信息？”我问他。

“这种语言是基于数学集合论的，”德维托回答道，“一旦确立了整数，这些元素将作为一个新的集合引入。我们将从氢开始。氢被定义为原子序数为1的所有原子的集合。氦是原子序数为2的集合，以此类推。”

“如果这太简单化了怎么办？”我问道。我对自己的大胆感到惊讶，但又非常想给我的新导师留下深刻印象。

“我认为我们可以做得更好，”我继续说，“也许答案就在SETI方法本身。定义‘水洞’的H谱线和OH谱线展示了能量是如何在这两个分子中分配的。这些线条形成了独特的图案，这就是为什么我们知道太空不是一个空的空间——它实际上是一个化学实验室。

“更好的法子是利用氢的能级。给每个元素分配一个数字，可能会让情况变得复杂。我们或许可以使用它们的光谱‘指纹’。任何正在探索宇宙的外星文明都会有他们的光谱学家，他们会立即识别出这些模式。说不定，他们可能还有这些模式的库来分析他们的无线电数据。”

德维托点了点头。“听起来，我们的项目已经明确了方向。去推进德维托-厄尔勒（DeVito-Oehrle）语言来传递元素周期表吧！”他夸张地说。

在接下来的一学年里，我尽情享受着在SETI项目中工作的每一刻。德维托是一个鼓舞人心、非常投入的导师，我们经常在学生会的自助早餐店Fidlee Fig见面。在做这个项目的过程中，我构建了我所谓的“SETI文字处理器”，这个程序允许用户输入任何化学反应，并将其先翻译成德维托-厄尔勒语言，然后再转换成二进制。我想象着有一天我的代码将连接到世界各地的射电望远镜上，由一组科学家向我们的宇宙邻居发送信息。在我最疯狂的梦想中，我就是按下按钮、向星星发送信息的技术人员。

在我开始从事这个项目几个月后，很明显我再也不会离开了。我决定攻读行星科学专业的研究生，重点研究SETI。如果我能进入拥有世界顶尖项目之一的亚利桑那大学，那么我甚至不必搬离我的公寓。

✦✦✦

亚利桑那大学不仅仅是我的母校，对我和其他许多行星科学研究者而言，它还是这门学科的精神家园之一。

1960年，就在弗兰克·德雷克启动“奥兹玛计划”的同一年，一位名叫杰拉德·柯伊伯（Gerard Kuiper）的荷兰天文学家在亚利桑那大学大气科学大楼顶层的一个偏僻角落里建立了月球与行星实验室。当时，对行星及其卫星的研究已不再受到关注；20世纪初，随着太空摄影技术的兴起，科学家们得以首次观测和研究银河系以外的天体。虽然我们对银河系外空间的了解突飞猛进，但对与我们同处太阳系的行星的认识却停滞不前。尽管行星科学在当时并不时髦，但柯伊伯在他早期的职业生涯中还是做了些行星科学方面的研究。他发现土星最大的卫星土卫六的大气层中含有甲烷气体，还发现了海王星和天王星的前所未见的卫星，并探测到了火星上的二氧化碳。

20世纪50年代，柯伊伯将注意力集中在我们最近的邻居——月球上。多年来，即使当他的科学家同行们真正关注月球时，也似乎无法就任何事情达成一致。月球上的坑坑洼洼是由于古代火山活动造成的，还是因为遭受了小行星的撞击？月球表面是柔软蓬松的，还是坚硬脆碎的？没有人知道。柯伊伯认为，月球的历史和物理特性可以告诉我们很多关于地球形成和组成的信息，因此他开始着手月球地图绘制项目，收集并拍摄新的照片，为科学家研究我们迷人的自然卫星提供了基础。

柯伊伯的时运是无可挑剔的。1957年，苏联发射斯普特尼克1号卫星后，美国人再次把注意力转向我们的太阳系。4年后，当约翰·肯尼迪总统宣布美国人将在十年内登上月球时，柯伊伯确实是一个有计划的人——事实上，是唯一一个有计划的人。他的月球地图绘制工作突然成为国家的重点项目。当柯伊伯在亚利桑那大学校园开设实验室时，他带来了14 000磅的书籍、纸张和仪器。在接下来的十年里，柯伊伯和他招募到实验室工作的科学家们在阿波罗计划中发挥了不可或缺的作用。[尽管如此，柯伊伯得到他应得的尊重也是多年以后的事了；月球与行星实验室（LPL）在成立后很长时间仍然被嘲笑为“疯子实验室”（Loony Lab）。]

但柯伊伯最伟大的遗产或许是将现代行星科学转变为一项跨学科的研究。除了传统的天文学家，他还让物理学家、地质学家和大气科学家们挤满了LPL的大厅。LPL的这种开创性精神在接下来的半个世纪里得以延续，该实验室成为年轻行星科学家的培训基地，并最终使亚利桑那大学成为第一所从校园里控制航天器任务的大学。

1992年秋季学期结束时，随着研究生申请截止日期的临近，我与LPL的负责人尤金·列维（Eugene Levy）博士约了时间面谈。列维是一个令人望而生畏的人，他前额高，下巴有沟痕，以说话直言不讳而闻名。

“我想在LPL读研究生，”我告诉他，“我想寻找外星智慧生物。”

“绝对不要。”列维的回答迅速而简单。他的话就像宇宙中的一根针，刺破了我的梦想：“那简直是自毁前程。如果你在个人陈述中这么写，我们可能都不会录取你。”

“你什么意思？SETI是一个合法的、由NASA资助的项目。”我反驳道。

“不会太久了，”他几乎是笑着说道，“布莱恩参议员差不多要对这个项目出手了。”

事实上，NASA牵头的搜索行动一开始，这位来自内华达州的参议员就把取消其项目资金作为自己的使命。他在一份新闻稿中幸灾乐祸地说道：“希望很快就能结束这种用纳税人的钱去搜寻火星生命的闹剧。”

相反，列维鼓励我去研究火星。在20世纪90年代初，就像之前的月球一样，火星研究在被忽视了近20年后开始复苏。

1975年发射的NASA旗舰项目海盗号提供了关于这颗红色星球的惊人数据。“海盗舰队”由两个轨道飞行器[1]组成，每个飞行器都带有自己的着陆器，用于搜寻火星表面和大气层，以寻找这个星球上存在生命的证据。

我清楚地记得，1976年7月4日，我5岁生日那天，《亚利桑那共和报》（*Arizona Republic*）的头版刊登了一张NASA着陆器刚刚降落在火星上的图片。那是我第一次感受到那种火花，就和我打开那份学生报纸时感受到的一样。

在那之后的几年里，轨道飞行器揭示了火星上的火山、巨大的峡谷、南部坑坑洼洼的地形和北部平整年轻的地貌。图像中还包含了丰富的古代河流系统的证据，有类似河流的网状渠道、灾难性洪水的迹象，以及让人联想到海岸线的地貌。然而，着陆器未能实现最终目标；生命探测实验未能得出明确的结论。

经过多年的观察和实验，科学家们得出结论，太阳紫外线辐射浸透了火星表面。这种破坏性的辐射，加上土壤的极度干燥和活性化学物质，使得我们所知的任何生命都无法在火星表面生存。

这个结论让火星探测的动力大减。整个20世纪80年代，NASA专注于建造航天飞机，不再重视对月球、火星和太阳系中更遥远的目的地的研究。但科学界继续呼吁对火星的探测，认为火星蕴藏着大量未被开掘的宝贵信息。围绕古代水流存在的证据，

1 指海盗1号和海盗2号。——编者注

人们提出了一个强有力的论点来支持比较行星学的研究。显然，火星过去的气候与现在大不相同。如果我们真的关心地球的未来，就需要了解火星是如何从一个温暖潮湿的天堂变成一个贫瘠荒凉的沙漠世界的，就像乔治·卢卡斯的塔图因星球或弗兰克·赫伯特的阿拉基斯星球那样[1]。

最终，NASA听取了天文学家的建议。当我在图森市和列维讨论我的职业选择时，火星观察者号正在太空中疾驰，被誉为NASA重返红色星球（火星）的荣耀之作。

犹豫之后，我采纳了列维的建议。我向全国的几所学校提出了申请，这几所学校都有参与火星观察者号任务的老师。几个月后，在1993年的春天，我打开了圣路易斯华盛顿大学寄来的一个厚厚的信封，里面装满了好消息。我被地球与行星科学系录取了，获得了麦克唐奈空间科学中心的研究生奖学金——暂时缓解了我对钱的担忧，同时还获得了雷·阿维德森（Ray Arvidson）教授的研究助理职位，他是火星观察者号任务的首席数据科学家。虽然我也被亚利桑那大学录取了，但列维鼓励我去圣路易斯大学，以此拓宽我的学术视野。

于是，我计划搬到中西部。我卖掉了我的汽车，把自己的所有行李打包进两个小手提箱，订了一张去圣路易斯的机票。我开始由漫游的探险家转变为一名严肃的学者。

1　塔图因和阿拉基斯分别出自科幻作品《星球大战》和《沙丘》。——编者注

离开亚利桑那州之前，我进行了最后一次徒步旅行，向这片沙漠告别。那天晚上，我独自坐在图森山脉的一座山顶上，聆听着风穿过周围仙人掌的尖刺发出的低语。一想到要离开这个地方，这个我曾经熟悉的唯一家园，也是我感到最安全的地方，我的眼眶不禁盈满了泪水。我躺在一块巨石上，凝视着漆黑的天空。星星在夜空中闪烁，仿佛在向我眨眼，我能感受到它们的召唤。

第二章
生命迹象

站在密西西比河洪水泛滥的河岸上，对我这个来自沙漠的男孩来说，这条河水奇迹般地充盈，而圣路易斯也显露着大城市的气息。没有地平线上的群山来指引方向，我在衰败的旧工厂拼凑的街区里感到迷失，显而易见的种族隔离和“蓝色法规”[1]让我困惑不已。

尽管如此，在华盛顿大学，我的前方还有机会，自己也很感激能来这里。我漫步在丹福思校区（Danforth Campus），欣赏着学院的哥特式建筑物，这里设有很多研究机构，包括地球和行星科学系。我花了许多个下午欣赏它的方塔、角楼和拱形通道，被那些栖息在角落、门楣上方和窗沿上形态各异的滴水兽所吸引。与亚利桑那大学的对比是如此鲜明。

1 蓝色法规，也称星期日法规，原来是美国殖民地时期清教徒所定的法律，禁止在星期日饮酒、开店营业、从事娱乐等活动，目前在美国多数州已不复存在。——编者注雷·阿维德森博士用一个承诺把我引诱到圣路易斯，那就是我们处在现代火星探索的前沿——自1982年海盗1号着陆器因人为错误导致天线故障而与地球失联以来的第一支研究火星的团队。

从本科生到研究生的转变对我来说是一个启示。在图森，我尽情沉浸于各种兴趣中，在学习硬核物理课程的同时，还学习了东亚文化。然而，在圣路易斯，我把全部精力都放在太空探索领域上，仔细研究每一项新发现，在午餐时讨论行星的构成，痴迷于这股新的火星探索热潮，值得注意的是，我正是其中的一员。那些无所事事、煎鸡蛋的日子一去不复返了；我开始从事严肃的研究，尽我所能地成为一名真正的研究人员。

当我到达圣路易斯加入火星观察者任务小组时，探测器将在一个多月后进入火星轨道。想到即将发生的一切，我几乎无法抑制自己的兴奋和期待。探测器配备了一系列令人印象深刻的仪器，用于研究火星表面的成分、绘制地形和重力图、搜索磁场、观测天气和沙尘暴，以及探索大气层的结构和环流——研究火星的大气层、气候、地质及其卫星火卫一的特征的工具。但对我和其他许多人来说，更重要的是，这次任务有望揭开太阳系中最大的那些谜团。

在前一年的春天，亚利桑那州举行的太空基金研讨会上，我听了菲尔·克里斯滕森（Phil Christensen）的主题演讲，他是热发射光谱仪（Thermal Emission Spectrometer, TES）的首席研究员；TES是火星探测器上的6台仪器之一，用于测量火星表面散发的热量。令人惊讶的是，这些红外光子携带着地表岩石的矿物含量、霜冻和云层成分的信息。菲尔当时只是一个博士后，他在演讲中带我们经历了建造、测试和将TES送上飞船的整个过程。我坐在观众席上，心中充满敬畏，意识到通过赢得向太空发射科学仪器的合同，菲尔也开启了自己的职业生涯。

在LPL工作期间，我还有幸参加了比尔·博因顿（Bill Boynton）教授的研讨会，他也是火星观察者号探测仪器的研究者之一。他的伽马射线光谱仪测量了火星表面核反应所产生的高能光子。计划是利用仪器的中子探测器绘制出整个火星表面氢气（因此也是水）的分布图。海盗号的实验被认为已经证明了火星上没有生命，但我们领域的许多人仍然不是很信服。其中一项实验在两个海盗号着陆器上都明确发现了有机化合物，但这些化合物后来被证实是氯化合物，被解释为清洁液的污染物。尽管如此，我们仍然希望比尔的仪器能揭示未来在火星上寻找生命证据的重点区域。

探测器上搭载的这两个科学仪器都是在我的家乡亚利桑那州设计和制造的。想到这些仪器代表着我的亚利桑那州同胞们的聪明才智和技能，我就感到无比自豪。这种与任务之间的个人联系更加激发了我的热情和奉献精神，让我更致力于让火星观察者号任务取得成功。

当我们准备进入轨道时，雷充满了期待的热情，就像等待孩子出生的父母一样。作为海盗号项目的老手，他毕生致力于火星研究，奉献了数十年的光阴。火星观察者号于1986年由NASA资助，距离海盗号最后一次发出信号仅过了4年时间。从那时起，雷、菲尔、比尔以及无数其他人员便开始了不懈的努力。当时，

NASA的火星探索计划还处于初级阶段，该机构正致力于开发一系列任务来探索这颗红色星球。而火星观察者号本来属于第一个任务，旨在收集数据并为未来人类登陆火星铺平道路。因为探测器的总成本超过9亿美元，NASA行星探测计划也变得前途未卜。

对我而言，能够成为这个团队的一员，致力于拓展我们对火星的认识并推动太空探索的边界，显然是梦想成真了！当我们准备进入轨道时，在圣路易斯乃至世界范围内都可以感受到这项任务所带来的热情洋溢的氛围。火星观察者号不仅仅是一艘以肼[1]为燃料的飞行器，还承载着人类探索和理解我们星球之外宇宙的共同愿望。

除了振奋人心的工作，圣路易斯早期的生活中让我感到愉悦的一点便是去社交场合。我第一次见到凯特（Kate）是在前一年的冬天，当时我在参加一个面向准研究生的系里的派对。只见她昂首阔步地走进来，一副学者风范，肩上搭着一双冰鞋，脸颊因溜冰而泛红。凯特径直从我身边走过，没有多看我一眼，就和其他同学坐在一起。从那以后，我再也无法把她从我的脑海中抹去。

开学后，每天的午餐时间，系里所有研究生会聚集在主会议室的巨大桌子旁吃饭。几个礼拜下来，凯特始终没露面。我开始怀疑那位滑冰美女是否只是一个幻影。终于有一天，她再次出现了。当她描述自己在阿迪朗达克山区被耽搁的经历时，大家都听

1　肼（hydrazine），又称联氨，一种无色油状液体，有类似于氨的刺鼻气味，常用作火箭燃料。

得津津有味。接下来，在矿物学课上，我看见凯特居然是我们班级的助教，这让我突然间对这一科目产生了浓厚兴趣。

凯特和我一样，是一位充满好奇心的探险家，也是一位才华横溢的地质学家，她渴望揭开地球深处的秘密。但她也十分稳重、专注，她在康涅狄格州乡村田园诗般的环境中长大，是她父母4个出类拔萃的孩子中唯一的女孩。当我凝视凯特那双蓝绿色的眼睛时，我看到了一种不可思议的结合：一生的冒险经历，以及建立我从未拥有过的家庭的可能性。

虽然我想念沙漠，想念那高大挺拔的仙人掌、木馏油清新的味道和布满繁星的夜空，但在凯特身上我找到了新的爱情，在带领人类重返火星的荣耀团队中找到了新的意义。圣路易斯的生活还算顺利。

不过，我的这种热情在逐日递减。几周后，当我走进威尔逊大厅，打算在我与其他三名学生合用的地下办公室里待上几个小时时，我发现了异样。由于轨道插入将在第二天进行，我本以为我的同事们应该正处于一种期待，甚或欢庆的状态中。相反，我遇到了劳拉（Laura），一个志同道合的火星研究者，她靠在墙边抽泣。

“怎么了？”我蹲在她身边问道。

“我们在周六与探测器失去了联系，”她抽泣道，“任务结束了。我的职业生涯结束了。”

我胸口一紧，追问道：“你确定它已经没了吗？说不定只是通信出了故障。”

劳拉抬头看着我，准备浇灭我的乐观情绪。“整个周末，我们每20分钟就发送一次新指令——什么反馈也没有。起初，团队小组认为它只是偏离了轨道，我们会在某个时候重新获得联系。但已经两天多了，什么动静都没有，探测器本该从任何异常中恢复过来了。”

几个月后，美国海军研究实验室的一个独立调查委员会宣布了他们的调查结果：探测器推进系统中的一个燃料箱可能破裂了，在前往火星的长途巡航过程中导致燃料泄漏。燃料泄漏可能使探测器发生旋转，导致其进入“安全模式”，并阻止它打开无线电发射器。

“如果这能让你感觉好一点，我的计划也泡汤了。”我叹了口气，几乎没有意识到这对我意味着什么。

“你才在这里待了多久，两个月？”劳拉反驳道，“这有什么大不了的。”

她说得对。我的两个月与她的两年相比根本不算什么，与雷的几十年相比更是微不足道。我不禁想到了比尔和菲尔，他们在职业生涯中投入了无数时间和精力来开发科学仪器，以收集关于火星的重要信息，我无法想象他们在知道这些仪器现在漂浮在太空中但毫无用处时会有什么感受。

火星观察者号的失联无情地提醒了我们太空探索的风险和不确定性。这是我今后职业生涯中将要承受的严酷教训。在经历了SETI和火星观察者号任务的挫折后，我仍然致力于探索宇宙并揭开它的奥秘，我发现自己正在寻找一个新的精神归宿。我需要一个可以继续追求太空探索激情的地方，而不必担心国会干预或航天器故障的风险。这是一个充满挑战的时期，但我满怀感激地寻找新的机会。

幸运的是，我无须远寻。我在华盛顿大学的一位教授有一个基于实验室的项目，专注于早期太阳系化学和行星形成的研究。它涉及德雷克方程式中的一个关键变量——具有行星系统的恒星比例。我认为这是实现我SETI抱负的一条合理途径，于是我迫不及待地签了约。

我现在正致力于研究行星构成的基本要素，以揭示太阳系的起源和生命所需的条件。我们关于太阳系起源的第一个也是最大的线索，就是它的结构：所有行星的轨道都位于一个平面上，并以相同的方向在太空运动。这种结构是“太阳星云”的结果，即星际介质中由气体、尘埃和冰组成的旋转圆盘。当星云坍缩时，其致密的中心吸引了周围的物质，并形成了一个围绕着一颗正在成长的年轻恒星旋转的圆盘。这种现象在物理学中被称为“角动量守恒”。一个很好的例证就是花样滑冰运动员所表演的旋转。当滑冰者开始旋转时，他们的手臂就会伸展。当他们收回手臂时，就会因为角动量守恒而旋转得更快。

在恒星形成的过程中也会发生同样的事情。恒星和行星诞生于星际介质中的巨大云团，这些云团的中心有密集的物质，其引力会吸引周围的太空尘埃、气体和冰。就像滑冰者收回手臂一样，云团在坍缩时旋转得越来越快，形成一个围绕着一颗正在成长的年轻恒星旋转的圆盘。这个阶段大约持续十万年，在地质学上只是一眨眼的工夫。圆盘中的大部分物质最终都会用于构造恒星。在这个圆盘内，利用仅存的少量碎片，通过化学和物理的共同作用来构造行星、卫星，以及至少在地球上的生命。

星云的向内坍缩会导致整个系统升温。在那里旋转了数百万年的尘埃和冰瞬间就蒸发了。随着星云的演化，星盘再次冷却，最早的行星部件开始形成。正如水蒸气结晶形成雪花时一样，行星的形成也始于凝结。在这种情况下，"雪花"是由岩石、金属和硫构成的，这是太阳系尺度的气候现象。物质从气体凝结成行星的组成部分，我着手研究的正是这个过程。我的最终目标是弄清楚地球是如何成为一个宜居的世界，以及生命是如何在这里立足的。我希望通过这种方式揭开太阳系起源的秘密，并探索地球以外生命存在的可能性。

当我建立了一个实验系统来研究原行星盘中的硫化学时，我对行星形成的复杂性、宇宙中支配力量的微妙平衡，以及我们的太阳系是多么神奇和古老而惊叹不已。在许多方面，这比SETI或火星探测更实际，但同样令人兴奋。这是我太阳系探索之旅的起点。随着一系列发现震撼了行星科学界，我的工作的重要性也变得更加明显。

1993年春天，夫妻搭档吉恩·舒梅克（Gene Shoemaker）和卡罗琳·舒梅克（Carolyn Shoemaker）在圣地亚哥的帕洛马天文台（Palomar Observatory）进行巡天观测。吉恩是天体地质学的先驱，20世纪60年代时曾在杰拉德·柯伊伯的指导下参与绘制了月球地图。他深信冰冷的彗星为地球带来了水和生命所需的其他元素，并担心如果有彗星再次撞击地球，对人类文明会造成什么影响。他花了数十年时间研究陨石坑，并系统地搜索具有潜在危险的天体。

但最终是吉恩的妻子卡罗琳——一位51岁的家庭主妇，后来成为业余天文学家——第一个看到后来被称为舒梅克－列维9号（Shoemaker–Levy 9）的彗星。（根据《纽约时报》对她的讣告，在那个特殊且令人兴奋的时刻，"舒梅克女士在人生中唯一一次直接对着香槟酒瓶喝香槟"。）虽然卡罗琳此前已经发现了32颗彗星（创下了世界纪录），但这颗彗星与众不同。它已经被木星的潮汐力撕裂，现在宛如一串炽热的珍珠，以13.4万英里每小时的速度在太空中疾驰，即将与太阳系的行星之王——木星相撞。

人类有史以来第一次有机会看到彗星撞击的壮观景象，并研究它们的构成、它们如何在太阳系中穿行，以及它们对行星的大气层和内部会造成什么影响。舒梅克－列维9号的撞击不仅会导致与其他彗星撞击相比前所未有的爆炸，而且将使我们更深入地了解木星、地球以及彗星在我们的起源中可能发挥的作用。在1994年7月的8天里，所有的目光和所有的太空仪器（包括伽利略号、旅行者2号、尤利西斯号和哈勃太空船）都转向了木星，因为这颗彗星的21块碎片以3亿颗原子弹的威力撞击了木星，这被《时代》（*Time*）杂志称为"宇宙撞击"。

当我凝视着这令人震惊的景象时，这一事件的巨大规模震撼了我。木星表面上每个被碎片撞击的地方都留下了骄傲的伤疤。在红外线图像中，撞击点像木星左下方的一个巨大疣体一样发光。

随着行星的旋转，这个伤口继续放射出光芒。当我惊叹于舒梅克-列维9号彗星在木星大气层留下的深刻而持久的影响时，我不禁思考：如果这颗彗星撞向我们，会发生什么呢？我一直怀着敬畏之情仰望夜空。在舒梅克-列维9号之后，我也开始担心我们的安全，以及人类如何应对这种来自太空的灾难性威胁。

舒梅克-列维9号撞击木星的事件为我们提供了一个新视角，强调研究小行星及其可能对地球未来产生的影响的重要性。毕竟，如果6 500万年前没有那颗小行星的到来，哺乳动物就不会取代恐龙成为地球的主宰。在宇宙之锤落下之前，那些庞大的爬行动物统治了地球1.4亿年。如果没有那次撞击，它们没有理由不继续统治地球。如果我们的哺乳动物祖先没有在那场世界末日中幸存下来，那么人类就不会进化，射电望远镜也就永远不会被造出来，德雷克方程式中代表能够发展出无线电波技术的文明因子数也会减少一个。

当许多天文学家都专注于寻找可能对地球构成威胁的小行星和彗星时，另一些人则致力于在天空中搜寻宇宙起源的证据。1995年10月，一对瑞士天文学家发现了第一颗系外行星，即太阳系之外的行星，它距离地球约50光年。当列维博士劝我放弃搜寻外星智能的雄心时，科学家们知道的太阳系行星只有9颗[1]——我们在小学时熟记于心的那些。当时，科学家们估计拥有行星系统的恒星比例低至万分之一。这一发现让我感觉宇宙就

1 2006年，冥王星被降级为矮行星，现在太阳系只有8颗行星。

像亚利桑那州沙漠中的那座老矿井一样，在向我发出探索的邀请。到如今，已知至少有一半的邻近恒星都拥有行星，这为生命的存在提供了无限可能。

仿佛一切都在同时汇聚，为我指明道路。1996年8月，NASA的一支科学家团队宣布了一项轰动科学界乃至全世界的大新闻。据报道，他们在12年前于南极洲收集的一块火星陨石的碎片中发现了原始微生物生命的证据。这是迄今为止生命可能存在于地球之外的最有力证据。这一消息在世界范围内成为头条新闻，甚至促使当时的美国总统比尔·克林顿发表了正式的电视讲话，以纪念这一事件。

这次发现对我而言意义非凡，因为它凸显了行星形成和生命在地球之外产生的可能性之间的相互联系。火星陨石中的微生物化石生命也增加了这种可能性：海盗号可能确实探测到了生命，这加深了我对研究宜居行星形成条件的兴趣，并赋予了新的紧迫感。探寻宇宙生命的犹豫感在此刻消散无踪了。

这是科学首次接近证明地球之外可能存在生命，同时我们也发现了可能探寻到生命的广阔未知领域。围绕这一发现的兴奋和热议是显而易见的，它催生了天体生物学这一新领域，该领域旨在研究宇宙中生命的起源、演化和分布。即使是以微生物化石的形式存在，外星生命的可能性也改变了我对我们人类在宇宙中的位置的看法。我心想，也许我们并不孤单。

我在实验室里加倍努力，实验工作进展迅速。不到4年，我就在为我的博士论文做最后的润色。在那个决定职业生涯的时刻到来之前，许多挑战考验了我的韧性和决心。然而，在所有的辛勤工作和学术压力中，还有一个快乐幸福的亮点：那个拿着冰鞋的女孩。

在答辩前的几个月，我鼓起勇气，决定向凯特求婚。这是一个大胆的举动，而且我不确定自己是否准备好了。但我的内心告诉我，这是正确的事情，她就是我的另一半。

她答应的那一刻，我感到无比喜悦。我至今还记得那种仿佛重担从肩上卸下的感觉。突然间，一切似乎都有可能发生。回首那一刻，我意识到那是我生命中的一个转折点。它标志着一个新篇章的开始，一个充满爱与希望的新篇章。即使前方道路充满了考验和挫折，我知道我永远不必独自面对了。

✦✦✦

1997年，作为一名刚订完婚的新晋博士，我意气风发地回到了西南部，开始了在亚利桑那州立大学的博士后研究工作。这是一个提高我专业技能、学习新技巧和发表一些扎实科研成果的机会。

就像我们的太阳系一样，凤凰城位于一个被卫星城市环绕的中心。亚利桑那州立大学所在的坦佩市是其中最美丽的城市之一。虽然凤凰城的许多地方都显得干燥而荒凉，但坦佩市利用灌溉系统使得这座城市奇迹般地变得郁郁葱葱，成为沙漠中的一片绿洲。学校本身既美观又现代，一排排棕榈树高耸在充满未来感的建筑之上。然而，所有这些整洁的外表掩盖了亚利桑那州立大学狂野的一面。这是一个以狂欢而闻名的校园。学生们为学校在年度“最佳派对学校”名单上名列榜首而感到非常自豪，令我惊讶的是，成年人并不回避这种放纵。我参加的教职员工派对并不是那种品酒配小吃的文雅聚会，而是一群人挤在客厅里，汗流浃背、尽情狂舞的热烈场合。

在火星陨石中发现生命的消息引起巨大轰动的两年后，NASA加大了投资力度，专门拨款900万美元用于成立首个NASA天体生物学研究所，这是一个由全国各地的专家组成的跨学科研究团体。亚利桑那州立大学是获得资助的研究机构之一，突然间，我发现自己置身于天体生物学的热点之中。我的研究轨迹与日益壮大的、致力于寻找宇宙生命的科学家网络碰撞在一起。

为了争取教职，我开始寻求教学机会以拓展我的技能。受到我们大额天体生物学研究经费的启发，我加入了一个同事小组，共同开设了一门名为“宇宙和生命起源”的课程。在我的授课部分，我深入探讨了行星形成的迷人主题，其他教授则分别探讨了宇宙学、生命起源、太阳系探索、进化论以及人类文明的兴起等领域。这是一个激动人心的跨学科融合体，当我坐在其他教授的课堂上时，我开始看到诸如粒子物理学、化学和生物学等领域之间的联系。这拓宽了我的视野，并巩固了我对跨学科研究的兴趣，因为不同领域的交汇可以带来突破性的发现。

当我来到坦佩时，我刚从一个实验室毕业，在那里我花了多年时间试图重现太阳系诞生之初的条件，以弄清楚它的形成过程。我的目标是制作一份45亿年前的气象报告，我很确定我已经通过摆弄不同的气体、压力和温度来生长铁和硫的原始雪花，从而实现了这一目标。现在，是时候进行逆向研究，研究那些见证太阳系早期剧烈变化的岩石了。在我的职业生涯中，这是我第一次需要亲自动手——我需要收集一些陨石。

陨石是从太空坠落到地球的岩石，它们蕴藏着有关太阳系历史和形成的丰富信息。对我来说幸运的是，亚利桑那州立大学拥有世界上最大的陨石藏品之一。1961年，自学成才的收藏家和专家尼宁格（H. H. Nininger）博士将他的大量藏品卖给了这所大学，成立了陨石研究中心。研究中心内有一个小巧而略显可怜的公共展示柜，以及一间有着典型的学院派设计风格的会议室，其以暗色调的木材为主要装饰元素，辅以红色天鹅绒作为点缀。再往里走，你就会发现宝库：传说中的地窖，里面存放着数百颗来自深空的稀有珍宝。

该中心的主任是卡尔顿·摩尔（Carleton Moore）博士，一个圆润的、银发的、面带友善笑容的男人。卡尔顿就像一名军队招募官那样热情洋溢，总是乐于招待新的研究人员。在我第一次访问时，我告诉他我想看一些原始的球粒陨石——太阳系早期的沉积岩。这些物质是由我们的原行星盘中漂浮的尘埃聚集而成的，并且自那以后基本没有发生过变化。它们属于最稀有的种类，因而有着相当高的学术和经济价值。

“跟我来，”卡尔顿说着，抓起一串黄铜钥匙——刻有“请勿复制”字样的那种钥匙——冲进走廊。当我意识到他正领我去往宝库时，我的心跳开始加速！

卡尔顿解锁并推开两扇坚固的门，我们步入了凉爽、空气稀薄的宝库中。金属架子沿墙排列，陨石散布其间，这里就像一座星际艺术画廊。远处的墙边是一排木制柜子，中间摆有一张低矮的桌子，上面也装饰着巨大的陨石样本。我目之所及，都是来自太空的岩石，有的放在干燥器中，有的被切成两半以展示其引人注目的内部结构，还有的则是大块粗糙的样本。

当我欣赏这一切时，卡尔顿满意地静静站着，我的目光在每一个样本表面游走。我发现了著名的代亚布罗峡谷（Canyon Diablo）铁陨石，这是5万年前撞击亚利桑那州中部、形成了1英里宽且举世闻名的陨石坑的小行星的碎片。这些金属块吸引了我，它们是在早已消失的原始行星的熔融金属铁核心深处结晶形成的矿物。它们表面平滑，布满了看起来像指纹的凹坑，亦即“气印”，这是铁陨石以超声速穿越大气层时，高温将物质烧蚀成炽热的等离子体而形成的。我用手触摸着样品，直觉告诉我这些铁陨石需要被触摸。（确实如此：我们皮肤上的油脂可以保护它们，形成一道屏障，抵御不断侵蚀它们的湿气。）

卡尔顿带我走到一个标有“普通球粒陨石”的抽屉前。当他拉开那个古老的木制抽屉时，一股带有金属和硫黄味的气息迎面扑来，让我想起我在露营时背包里储备的应急火柴。我不知道我是更惊讶于陨石有气味，还是惊讶于我正在嗅它们。我深深地呼吸，停顿了1秒钟，对进入我身体的分子和它们已经存在了不可思议的时间长短而感到兴奋。正如卡尔·萨根所说的那句很有名的话，我们都是由恒星物质构成的，现在我又吸入了一些，为我研究它们的起源补充了一点额外的能量。

觉察到我是一个触觉型学习者，卡尔顿递给我一副白色棉手套，我在房间里四处走动，抚摸着这些石头，为能无拘无束地进入科学殿堂中最神圣的地方而欣喜若狂。

然后，真正疯狂的事情发生了，卡尔顿把钥匙交给了我。

他顽皮地咧嘴笑道："登记好你的样品，离开时，确保两扇门都锁得紧紧的。"

为了开始我的研究工作，我选了一些最著名的碳质球粒陨石——奥尔盖伊陨石（Orgueil）、默奇森陨石（Murchison）、米盖陨石（Mighei）和冷博克维尔德陨石（Cold Bokkeveld）——感觉就像一个珠宝窃贼从史密森博物馆偷走了希望之钻那样。当我把陨石拿在手中时，我深深地感受到它们绝非普通的岩石——它们在太空中旅行了数十亿年，最后才落到地球上，它们蕴含着关于太阳系最早时期的秘密。我小心翼翼地记录了这些科学宝藏的样本，并开始对它们进行分析。

当我用电子显微镜工作时，陨石中矿物的晶体结构与我以前见过的任何东西都不同，它们的构成说明了岩石形成的条件。但让我着迷的不仅仅是科学数据，还有陨石本身的美。矿物的复杂图案和闪闪发光的金属颗粒看起来几乎就像艺术品，我发现自己已经沉迷在它们的复杂性中了。

每个样本都是独一无二的，每次分析都揭示了对太阳系"黎明时期"的新见解。它们提醒我们，宇宙是多么浩瀚无垠、神秘莫测，还有多少未知有待我们去探索。

第三章

收获星星

当接到亚利桑那大学的电话、邀请我去面试教员职位时，我感到很荣幸，但并不抱什么希望。面试我的是月球与行星实验室（LPL）的新主任迈克[1]·德雷克（Michael Drake）博士。迈克是个夸夸其谈、傲慢自大的英国人，戴着一副大眼镜，自尊心很强。他是行星科学界的泰斗。4年前，我在毛伊岛的一次会议上与他初次见面。作为陨石协会的主席，迈克做了一场精彩的演讲，将某种陨石与巨大的小行星——灶神星联系在了一起。他详细解释了他的团队如何精心构建科学论据，从而首次——在当时也是唯一一次——为地球上的标本与太空中某块特定岩石之间建立了确切联系，我听得聚精会神。

面试进行得非常顺利。迈克和我一拍即合，一天中花了大部

1 Michael 的中文译名是迈克尔，鉴于作者在后文都昵称其为 Mike，所以这里也翻译成了迈克。

分时间讨论如果我接受了这份工作，我们未来可能面临的各种可能性。

我回到家，告诉凯特："我想我们要搬到图森去了。"

加入LPL仅仅一年后，我就受邀成为2002—2003年度南极陨石搜寻计划（Antarctic Search for Meteorites，简称ANSMET）团队的一员。通过参与这一具有历史意义的行动，我希望能更深入地了解我们的地球，当然，也希望能取回一些令人惊叹的来自外太空的新样本。我的最终梦想是找到一块富含碳和相关有机分子的陨石，这也许有助于解开生命起源的巨大谜团。

虽然陨石在全球范围内随机坠落，但大多数最终都落入了海洋；还有一些则坠落在人迹罕至或人类难以抵达的偏远地方。极少数落在人口稠密或可达区域的宝贵陨石，往往会被我们自己的地质碎屑所掩盖。每天大约有17块陨石降落在地球上，而其中99.999%的陨石都会永远遗失。这足以让科学家心碎。

即使它们最终落在易于到达的地方，时间也不站在我们这边。一旦太空岩石"落户"到地球上，它就会受到水、风、空气等自然因素的影响。微生物会迅速定殖于碳质球粒陨石上，很可能以我们40亿年前最早的祖先所食用的相同化合物为食。当然，它们的"蚕食"使我们回溯这些亿万年历史并尝试拼凑那段历史的能力减退了。

在亚利桑那州立大学的那段时光里，我从亚利桑那州的沙漠中收集过陨石。这些岩石之所以完好无损，主要是因为它们坠落在气候干燥的地区，落在了正在脱落沉积物的土地上，使得样本能够缓慢风化、保持未被掩埋的状态。总的来说，沙漠是寻找太空岩石的好地方。例如，在撒哈拉沙漠，陨石样品的繁荣交易为当地居民和当地经济注入了大量现金流。

出于类似的原因，另一个寻找陨石的绝佳地点是南极洲的冰川。第一块南极陨石是在1912年发现的，当时正值我们所谓的南极探险英雄时代，欧内斯特·沙克尔顿（Ernest Shackleton）和罗伯特·福尔肯·斯科特（Robert Falcon Scott）等人探索了这个大陆，他们在此过程中冒着生命危险，甚至常常因此丧命。当我还是个孩子时，就沉迷于南极冒险的故事，想象自己追随他们的脚步，去发现新的地质宝藏。

一位名叫弗朗西斯·霍华德·比克顿（Francis Howard Bickerton）的探矿者在著名的澳大拉西亚南极探险［这次探险因道格拉斯·莫森（Douglas Mawson）的惊人毅力而被铭记，他目睹了两个朋友死去，为了生存不得不吃掉他的狗］期间，发现了一块重达1千克、后来被命名为阿德利地（Adelie Land）的陨石。阿德利地样本的首次发现表明南极洲拥有地球上最丰富的陨石场。

这一现象在很大程度上要归功于地理因素。南极冰盖就像一条传送带，在缓慢流向大陆边缘的过程中收集了数千平方英里范围内坠落的流星。横跨南极的山脉充当了冰盖的屏障，基本上阻挡了冰盖和其内部的宝藏继续前行。然后，强大的下坡风开始侵蚀那些冰川，最终露出了被埋藏数十万年的太空碎片，并将它们带到地表，从而在山脚下形成了高聚集区域。

在那时，发现陨石就变得非常简单，只要知道去哪里找就行。

在山脚附近的蓝色冰面上，黑色的岩石在这片空白画布上就像白面包中的葡萄干一样显眼，你在那里找到的任何石头都只能是从天上掉下来的。

在发现阿德利地样本57年后，日本南极科考探险队的一个调查小组发现了南极陨石的集中地。1969年，该小组成员在大和山脉的东南部采集石头，并很快意识到他们可能掌握了宝贵的科学样本。返回日本后，他们收集的9块岩石确实被鉴定为陨石。更令人兴奋的是，每块陨石都是独一无二的，代表着承载各自太阳系历史传奇的独特小行星。这一发现促使日本和美国探险队每年都进行系统的搜索。

不久后，地质学家威廉·卡西迪（William Cassidy）创立了总部位于美国的ANSMET，他的名字如今也被用来命名一座冰川、一种矿物和一颗小行星。自1976年以来，该计划每年都会进行。ANSMET从数百名申请者中挑选出一组由8到12名研究人员——从高中老师到博物馆专业人士——组成的团队进行终极的复活节彩蛋搜寻：在南极洲最南端的大陆上，用6周时间四处奔波以寻找陨石。该计划已经收集了数万份样本，其中包括小行星撞击火星和月球时溅射出的大块样本。ANSMET组织的座右铭是“messis sidera”，意为“收获星辰”。

ANSMET收集的样本会送往NASA约翰逊航天中心，在那里它们会被检查、编目和整理。史密森学会的研究人员会收到每个样本的切片，以提供详细的分类信息。而后，这些研究结果发表在半年一期的时事通讯中，并分发给世界各地的研究机构。学者和科学家可以申请样品以帮助他们自己的科学研究。它就像陨石的公共图书馆，充满了无数等待被发现的奇迹。

这为ANSMET赢得了“穷人的太空任务”的绰号。正如ANSMET所说，这些物品是“免费交付给我们的”。我们要做的就是去拿到它们。

✦✦✦

我们2002—2003年那一届团队共有12人，大家来自不同的研究领域和机构。团队领导者是凯斯西储大学（Case Western Reserve）的研究科学家南希·查博特（Nancy Chabot）。我认识南希的时候，她还是迈克·德雷克在伦敦政治经济学院的研究生，她感觉自己就像学术大家庭的一员。

卡迪·科尔曼（Cady Coleman）是NASA的一名宇航员，曾两次进入太空。卡迪笑容满面，不过神态威严，她喜欢谈论她年幼的儿子，以及她和她著名的玻璃艺术家丈夫在新英格兰农场的生活。同样来自NASA的卡尔·艾伦（Carl Allen）是约翰逊航天中心的首席馆长。他身材瘦削，性格安静但友善。这次探险还有一位特别的成员——安迪·考德威尔（Andy Caldwell），一位来自科罗拉多州的高中教师，他参与了“教师体验南极洲项目”。安迪是一位科学极客，他已经在为科罗拉多州的学生们写博客了。琳达·韦尔岑巴赫（Linda Welzenbach）是一位身材矮小、充满活力的红发女郎，热爱音乐和摄影，是史密森学会的策展人。丹尼·格拉文（Danny Glavin）是一个来自加利福尼亚的小伙子，我亲昵地称他为“小孩”，很快就将他视为自己名义上的弟弟。丹尼最近刚获得博士学位，在德国马克斯·普朗克研究所从事博士后工作。他曾参与火星陨石化石生命假说的测试，对冰中有机污染的可能性特别感兴趣。

那是11月中旬一个阳光明媚的日子，我们首次在洛杉矶国际机场熙熙攘攘的国际航站楼集合。我们互相拥抱、握手，试图找出彼此的共同朋友，或是回忆从前是否有过交集。我们来自不同的年龄段、背景和研究领域，但在那一刻，我能看出我们都有着同样满怀惊奇的表情——我们要去南极洲了！

我们花了大半天时间才到达新西兰的基督城（克赖斯特彻奇），卸下行李，吃了点东西，然后就开始工作了。南希主持了我们关于探险计划的第一次正式简报。当她在我们面前铺开地图时，我感受到了那种熟悉的兴奋感，那是规划一次荒野长途旅行时特有的感觉。我总是被驱使着前往“以前没有人去过的地方”。这次南极之旅似乎是我能接近那种感觉的一次绝佳机会。

“今年会有点不同，”南希解释道，“由于ANSMET获得了额外的资助，我们将派出两个小组到南极。4名成员将前往拉巴斯冰原进行一些勘察工作，考察该地区是否值得将来派出更多小组前往。我们其余的人将在接下来的6周内对两个地点进行系统搜索。

“第一个地点是古德温冰原岛峰（Goodwin Nunataks），这是一个著名的冰原，已经出产了数百块陨石。上一次系统性的搜索是在1999—2000年，当时发现了400多个样本，但只勘探了一半裸露的蓝冰区域。第二个地点是麦卡尔派恩山（MacAlpine Hills），位于古德温冰原岛峰的西北部，我们大部分时间都会在那里度过。该地区已经近15年没有被搜索过了。到达这两个地点需要经过多次穿越，我们将驾驶雪地摩托拖运数千磅的装备穿越100英里的冰面。”

我们将穿越一些令人惊叹的地形。整个路线会经过横贯南极山脉（Transantarctic Mountains），其中一些岩石的历史可以追溯到灭绝恐龙的小行星撞击地球之前，我期待能目睹一些“南极洲的路边地质”。

南希给了我们合理的警告，每次穿越的时间和我们在收集地点度过的天数将取决于天气、军事后勤以及完成任务所需的工作量。行程确定后，我们的下一步就是准备好面对地球上一些最恶劣的条件。

第二天，我们聚集在美国国家科学基金会（National Science Foundation）的物资处理中心，那里的装备就像音乐会上的商品桌一样展示着。工作服、巴拉克拉法帽、皮草和羊毛衫整齐地挂在光秃秃的墙上，仿佛有人仔细解剖了一位南极研究人员，而后固定并标记其解剖结构的各个部位。我们每个人都领到了一套这样的衣服，穿上了和ANSMET前辈们探险时一模一样的保暖用的衣服。在领取并试穿了我所有的装备后，我感觉自己有点像一个俄罗斯套娃：掀开我的派克大衣，露出里面的雪裤，雪裤又包裹着我的羊毛衫，羊毛衫又套在保暖内衣上，最后再搭配一双白色橡胶靴，即便是兔八哥也会为穿上这双靴子而感到自豪。

从基督城飞往南极洲麦克默多站（McMurdo Station）的航班是一次长达8小时的折磨，我们在新西兰皇家空军提供的“奇异鸟”C-130幽闭恐怖的机腹中忍受了整个过程。我们被固定于悬挂在装备上方的货网上，膝盖几乎能碰到对面乘客的膝盖。当飞机滑行准备起飞时，有个人开玩笑说，军队用C-130进行伞兵训练，因为从飞机中跳下去要比坐在里面更舒服。

当引擎轰鸣起来时，我环顾四周的同胞们，想知道他们是否和我有同样的感受：紧张而又期待，就像过山车缓缓爬上第一个高坡时，你的胃会猛地一沉。就在那一刻，你开始思考，我真的要坐这次过山车吗？在这种情境下，“高坡”就是“回旋镖点”：南大洋上空的地方，飞机越过这个点，就没有足够的燃料返回新西兰了。飞行4个小时后，我们已经没有回头路了。要么抵达麦克默多站，要么就以失败告终。

麦克默多站由美国国家科学基金会运营，该基金会资助了我们的实地考察活动。这里是南极洲的主要“社区”，夏季时约有1 000名居民，而在严冬时节仍有250名居民留了下来，那时的气温很少会高于-20℉（约-29℃）。大多数居民都是运营人员，正是他们让像我们这样的科学家能够来到这个宁静而冰封的世界。他们在港口、直升机停机坪或三个机场之一工作（飞机不断起飞和降落，满载着热切的、倒时差的研究人员）。他们为车站的车队提供服务，在餐厅提供食物，补充社区市场的物资。这是一种狂野的生活方式，我们团队在这个位于世界尽头的小镇逗留期间，每天都会惊叹于这种存在。

对我来说，麦克默多站看起来就像一个军事基地或采矿营地，但就实际来看，它非常像一个大学校园。这里不仅挤满了从事各种学科研究的科学家，而且整个地方洋溢着一种类似新生宿舍的家庭般的兴奋感，派对也随处可见。（如果你在南极洲，并且想要放松一下，我会推荐你去“奇异鸟”货运休息室，在那里，客人可以享用史倍茨啤酒、马麦酱和饼干。）

在麦克默多的漫长日子里（实际上，一年中的这个时候太阳永远不会落下），我们进行了训练。在进入“深野”之前，我们需要掌握很多如何在南极洲生存的知识。我们的登山教练杰米（Jamie）和约翰（John）教给我们的第一件事就是如何收拾我们的雪橇，8英尺（约2.44米）长的雪橇可以装载我们所需的一切物资。雪橇非常原始，看起来与欧内斯特·沙克尔顿那一代人用的雪橇一模一样，只不过我们是由雪地摩托拖拉的，而不是哈士奇。看到这些雪橇满载着我们的帐篷、食物箱、安全设备和勘测工具，我对那些在没有汽油发动机帮助的情况下完成这次探险的前辈产生了新的敬意。

尽管我们配备了新型设备，我们团队仍将面临一个世纪前探险家所面临的同样危险的处境：极端的严寒天气、猛烈的风暴和深不见底的冰缝。一天下午，杰米和约翰给我们做了一场漫长而又令人恐惧的讲座，讲述了在野外可能发生的和已经发生的各种事故。他们告诉我们，一名队员因帐篷内的炉子爆炸而被严重烧伤，还有一名队员跌入了近百英尺深的冰缝中。那次讲座让我想起了在驾驶员教育中看过的车祸照片，我走出会议室时心情很沉重，但还是下定决心迎接挑战。

训练继续进行，我们在12英里外的地方过夜，练习搭建营地并演练救援方案。我们学会了如何在没有安全带的情况下固定绳索，如何利用普鲁士结攀爬绳索，以及如何设置滑轮系统来营救队友。杰米和约翰在一次最终考试中测试了我们的掌握情况，他们将卡尔放入冰缝中，并要求我们把他救出来。起初，我们举步维艰。我们无法让临时制作的滑轮工作。当卡尔不小心掉下手套时，我惊恐地看着它以一种诡异而寂静的方式落下，既听不见也看不到它触底的声音或景象。当这一天结束时，我们终于齐心协力，把身处险境的卡尔“救了出来”。

抵达麦克默多的一周内，我们接受了全面的培训，装备也已收拾好，准备运输。尽管如此，距离我们飞往比尔德莫尔冰川（Beardmore Glacier）还有4天，我们将在那里扎营，然后短途穿越前往古德温冰原岛峰。我们晚上在“奇异鸟”货运休息室度过，下午则探索车站周围的区域，包括罗伯特·福尔肯·斯科特（Robert Falcon Scott）的旧小屋，那里的架子上仍然摆满了黑线鳕、小牛肉和卷心菜罐头。

这个孤独的前哨基地让我们工作的历史意义凸显出来。人类总是在突破界限，从不满足于停留在地图上已知的边界内。我感受到了这种渴望，这种不断扩展我们的知识、运用智慧去探索过去并规划光明未来的驱动力。

在我们计划出发的那天，杰米大声敲门把我们叫醒，告诉我们由于天气恶劣，航班被取消了。接下来的两天依旧如此。每天早上，随着信息在我还未完全清醒的头脑渗透，我的希望随之破灭。我们尽最大努力保持忙碌，徒步登上麦克默多著名的观景山欣赏风景，并在9英尺高的十字架前表达敬意。该十字架是为了纪念斯科特及其团队而立的，他们在1912年的一次探险中遇难。十字架上刻有他团队成员的名字，以及阿尔弗雷德·丁尼生（Alfred Tennyson）的《尤利西斯》的最后一行："去奋斗，去寻求，去发现，而不是屈服。"

终于，在我们抵达两周后，天气、航班时刻表和我们的命运都对齐了。我们的飞机已准备好将我们送往野外。我们将分成两组被送往比尔德莫尔冰川，我所在的小组先走。约翰、杰米、丹尼和我登上了由纽约空军国民警卫队运营的配备滑雪装备的LC-130飞机，并在一堆令人印象深刻的货物前面找到了"座位"。为了支持6周的野外行动，我们每人都带了超过400磅的食物、十几个炉子、带衬垫的厚羽绒睡袋、装满防寒衣物的行李袋、4个帐篷、8辆雪地摩托、16架雪橇、30瓶酒，以及足够的燃料，这些可以用来煮饭、融冰制水和为我们的帐篷取暖。看到我们未来6周所需的物资都已打包，并准备运送到"陨石之国"的中心（南极），真是一番奇景。

经过两个小时的飞行，到达横贯南极山脉后，飞机在崎岖不平的冰川表面颠簸着陆。我感到胃里一阵翻腾，那是紧张而又兴奋的感觉。LC-130的尾翼落下，货物被卸下。我敬畏地看着一个又一个的托盘从飞机后部滑到冰上。当所有货物卸载完毕后，飞机也停了下来，我们4人也步入了一片荒芜的旷野之中。

在我们搭起帐篷、点燃炉子之前，空军国民警卫队不能离开冰川。丹尼将在接下来的6周里成为我的帐篷伙伴，他和我忙着搭建我们的临时住所并点燃两个炉子。我们完成之后，约翰举起两个大拇指，让飞行员知道我们已经准备好了。几分钟后，引擎点火，飞机从冰层上升起，向麦克默多飞去，我们团队的其余4名成员正在那里等待。

飞机消失在视线里，引擎声也渐渐沉寂。我们4个人就站在那里，看着飞机渐渐消失。很快，唯一能听到的声音就是微风吹过冰川上的小冰晶的声音。我意识到，方圆200英里内就只有我们4个生物。这里没有植物，没有动物，没有真菌；甚至连细菌都无法在这里存活。我深吸了一口气，吸入了一口水晶般清澈而又冰冷的南极空气，感受到了一种前所未有的纯净。这里的寂静令人不安，孤寂之感几乎让人难以承受。那时我才真正明白我所报名参加的是什么了。

几天后，我们8人小组在古德温冰原岛峰建立了第一个大本营，搭起了4个黄色的帐篷，呈半圆形排列，随后便开始了第一次探险。为了搜索陨石，我们把8辆雪地摩托一字排开，彼此相距约50英尺，就像一支冰川上的骑兵队伍。然后，我们慢慢地加速，像港口里的小船一样在冰面上拖网，扫视着我们各自“车道”中的蓝色冰层。当有人发现样本时，他们就跳下雪地摩托，表演起一段充满科学感的舞蹈，以吸引其他团队成员的注意。跨入其他搜寻者的车道去收集陨石被视为严重的失礼行为，按照规矩，任何发现都是我们全体队员的功劳。

收集陨石是令人兴奋的，但也是我们非常重视的一项工作。我们随身携带3套收集工具，以便手边总能有一套。首先，我们会用铝制标签给样本编号，并在手动计数器上标出该编号，与样本一起拍照。然后，我们会记录样本的尺寸和外观，并使用一对无菌钳子移动它。我们尽量不去触碰它，也不让它触碰除钳子以外的任何东西。尽管如此，还是会有意外发生，我们会在记录簿中记录所有偏差。

在对陨石进行了检查和记录后，我们将其放入一个无菌塑料袋中，并用冷冻胶带密封。我们把打捞回来的陨石带回营地，放在一个叫做“isopod”的储藏室里，这些东西将被装在破冰船上运回，该船计划于1月抵达麦克默多港口，届时罗斯冰架将退缩到足以让船只通行的程度。只要天气允许，我们就会每天重复这个过程8小时，持续6周。

缓慢而稳定地，所有其他成员都发现了陨石，我们都聚集在一起收集样本。几天过去了，我一块陨石都没发现，这让我感到沮丧，并有点担心自己是不是错过了它们。难道是我的视力出了问题？我是否在雪地摩托的轨道上忽略了什么科学宝藏？

最后，在冰原上随意徒步搜索时，我发现了它：一块漂亮的黑色小岩石，非常引人注目。当我认出这是来自太空的石头时，一种如释重负的感觉涌上心头。它就像我脸上的鼻子一样显眼。

大约一周后，我承认寻找陨石很像钓鱼：漫长而无聊的旅程被肾上腺素激增的兴奋打断。当然，不同之处在于我们的“鱼”可以改变我们对太阳系及其可能蕴藏的秘密的理解。

像我们这样的团队在南极洲发现的数千个样本，已被证明对于促进我们对外太空的了解至关重要。迄今为止，最著名的是“艾伦山 84001”（Allan Hills 84001，通常缩写为ALH84001），这块声名狼藉的火星陨石6年前曾震惊了科学界，并坚定了我解开生命起源之谜的决心。在围绕这一发现的大肆宣传之后，怀疑论者开始坚称该样本降落到南极洲后就受到了许多所谓的生物特征的污染，很难想象这种事会发生在如此荒凉的地方。不过有一天，丹尼和我在冰层下方的液态水中发现了一颗陨石。持续的阳光使这块黑色的岩石重新散发热量，产生了迷你温室效应并融化了周围的冰。

“伙计，”丹尼惊呼道，“它只是在水里而已！”他变得焦躁不安，试图让我相信地球上的氨基酸可能会污染这块陨石，污染样本，并使未来的实验室研究结果变得不可靠。他曾是研究ALH84001氨基酸的团队的一员，希望能找到外星生物存在的迹象。这是一个令人抓狂的想法——即使在地球上最原始的环境中，其中携带的信息也可能受到破坏。就好比历尽千辛万苦找到了埋藏的宝藏，却发现那都是假的。可想而知，我对能够利用这些样本真正解开生命起源的信心产生了动摇。

尽管如此，我们采集的样本依旧是地球上保存最完好的样本，这项工作也是我做过的最有意义的工作之一。即使天气变得恶劣，很难处理和操作塑料袋、小标签和雪地摩托，我仍然渴望留在野外。在最糟糕的日子里，杰米宣布我们要提前返回营地。我是我们小组中少数敢于提出抗议的人之一，我还在想着尚未发现的重要材料。但是，当他耐心地解释说，即使是最微小的事故也可能使整个探险队陷入危险时，我认同了这点，并跟随他返回营地。

“帐篷日”是南极体验的一部分。当冷空气沉降在南极大陆并快速掠过冰层、吹向海洋时，会产生由气压引起的下降风（Katabatic wind）。没有什么可以阻挡这种气流，山脉只会将气流汇集起来。有些早晨，我们从帐篷里探出头来，迎接我们的是低于−70 ℉的严寒。这些天，我们除了必要时快速冲出去解手，都待在帐篷内。

作为一名狂热的背包客，我和丹尼共用的帐篷很快就开始有家的感觉。与我在沙漠中使用的轻型装备相比，这个巨大的斯科特帐篷对我们来说（即使我们两个人住在里面）简直就像宫殿一样。然而，另一方面，大多数宫殿都有室内管道设施，这是我们所缺乏的奢侈享受。在6个星期的时间里，我在附近的冰缝撒尿，思考着我的DNA在未来数百万年里被锁在南极冰层中的含义。我们8个人还共用了我们亲切地称为“便便帐篷”（poop tent）的小型橙色折叠式帐篷，里面有水桶、卫生纸和洗手液。所有人类固体废物都必须空运回麦克默多进行处理，而我最不喜欢的任务就是在桶满时去更换桶。

就个人卫生而言，我们用婴儿湿巾擦拭身体。这让我们保持清洁，但身上并不香喷喷的，过了一段时间，我们甚至都不再注意彼此身上的异味了。我们通过在煤气炉上融化碎冰以获取水。我们依靠这些炉灶不仅是为了做饭，也是为了取暖。我们需要经常给炉子加油，这的确是个挑战。这些炉子很老旧，而且经常会在帐篷中间突然爆炸起火。头几次发生这种情况时，很是令人恐惧。不过，等到探险结束时，我们已经能熟练地打开通向帐篷外的管子，平静地将着火的炉子扔到冰上冷却下来。

几周过去了，与凯特的分离开始让我感到沮丧。我们每三天通过卫星电话简短地聊上5分钟。最难熬的日子是节假日。圣诞节那天，她和家人在一起，置身于温馨的氛围之中，享受着美食佳肴和欢乐笑语。这与我们节日早餐吃着墨西哥卷饼、喝着咖啡的孤单景象形成了鲜明对比。尽管她很支持我，我还是能从她的声音中听出担忧。我试图安慰她，但事实上，孤独所带来的精神压力是显而易见的，她也能感觉到。我从她的关心中汲取力量，加倍努力投入到探险中，因为我知道，再过几周她会在新西兰等我。

除了对蓝冰进行系统搜索，我们还徒步在冰碛石中进行搜寻。为此，我带来了自己的金属探测器，这是我之前在亚利桑那州沙漠搜索时用过的那款。起初，每个人都对它的效果表示怀疑。但当我找到一块被积雪和岩石掩埋的陨石时，他们都服了。我们举行了“人类对机器”的比赛，我用金属探测器扫描，其他人则用肉眼搜索。机器几乎总会赢。我尽量不去夸耀，但丰富的收获确实提振了我的精神。

有一天，我们发现了一处普通球粒陨石的密集分布区域，我在4个小时内找到了20块。在其他情况下，我整天使用金属探测器，可能只会找到一两块样本。有些区域布满了许多不同类型的“热岩石”，即引发探测器反应的地球岩石样本，以至于不可能在其中找到陨石。还有一些地区虽然有大量陨石，但出于某种原

2002 年但丁在南极洲（但丁·劳雷塔个人照片）

因，探测器并没有发生反应。这些陨石是通过仔细搜寻每一寸土地找到的——常常是趴在地上用手去摸索。

即使在不搜寻的时候，我也发现自己被冰碛石所吸引。其中有些东西让我想起了青年时代的沙漠。那刺骨的孤独感、崎岖的地形，以及脚下那些微小而神奇的景象。然而，与地球历经的悠久岁月相比，我的 32 年人生实在是微不足道。当我发现岩石地面上散布着大块的石化木时，这一对比被更加深刻地体现出来，这些古老的遗迹揭示了南极洲曾经是一片郁郁葱葱、森林茂密的土地。在这个世界的尽头，我感受到了幸运与讽刺的双重牵引，我们能在这个宇宙中活着并拥有意识，是多么幸运，而与我面前岩石所记录的地质年代相比，我们的生命又是多么短暂。

插曲
碳分离

那个流浪的碳原子在寒冷空旷的太阳系中漂泊，其旅程伴随着亿万年的孤独和空虚。其母体小行星内部蕴藏的某种东西在抵抗着太空的深寒——一种从内部散发出来的能量。

这个碳原子发现了热源：放射性。正是那场将这对碳原子双胞胎抛向太空的恒星爆炸产生了放射性元素，这些元素会产生伽马射线。数百万年来，小行星内部的热量在不断增长，它已从一块贫瘠、无生命的岩石转变为一个充满脉动能量和沸腾流体的地方。

冰在小行星中融化并迁移，宛如一处外太空温泉。随着流体的流动，沿途的矿物质被液化，原本束缚着碳的焦油也溶解了。3个氧原子将其包围，将这个漂泊的碳原子锁定在一个碳酸盐化合物的中心。

碳酸盐分子被液体吸引，急切地获取电子以顺应液体而流动。当它漂过原始岩石时，它向其他元素发出邀请：“加入我们的溶液中来！”钙原子响应了这一召唤，离开它们的宿主岩石，每当碳酸化液体来临时，便变成自由漂浮的离子。它们共同形成了一种壮观的溶液，渗透进入小行星上的每一个裂缝和空隙。

但正如宇宙中的一切事物一样，放射性是有限的。500万年后，小行星的“热水浴”派对结束了，流浪的碳原子知道是时候找一个稳固的地方定居了。

它遇到了一个钙离子，并立即与之结合。随着水温的冷却，它们从溶液中析出，形成了明亮的白色含盐矿物——方解石脉，现在将与小行星巨石黏结在一起。

当最后一丝能量消散时，流浪的碳原子想到了它的孪生兄弟。对方是否也找到了一个安身之所？它向整个太阳系呼唤着，渴望得到回应。但回应它的只有寂静，它只得继续在浩瀚的宇宙中旅行，再次孤独地漂泊。

第四章
向下和向内

2004年2月的一个晴朗早晨，距离我从南极洲回来几乎整整一年，我站在杰拉德·柯伊伯大楼4楼的办公室里，透过窗户欣赏着被阳光染成橙色的圣卡塔琳娜山脉。那一刻，我很想掐自己一下，因为我知道就在短短的12年前，我翻阅学校的报纸时才知道这个领域的存在。而现在，我已经是亚利桑那大学月球与行星实验室(LPL)的行星科学与宇宙化学助理教授了。我是这个"疯子实验室"(Loony Lab)的正式成员，并为此感到骄傲。

这个地方几乎每一刻都散发着科学的影响，无论是过去还是现在。每次提到我们大楼的名字，都会让人想起柯伊伯的传奇。走廊上装饰着"徘徊者计划"的照片——这些照片是柯伊伯在6次连续尝试均未能成功获得月球首批近距离视图后，最终抢救回来的珍贵资料。

最近，LPL的一个团队为火星探路者号任务制造了摄像机，这让人想起7年前在圣路易斯的一次户外烧烤。那是我博士论文答辩的第二天，也是美国的国庆日，我们一群人聚在一起，边吃德式香肠边喝啤酒，观看CNN对火星车在阿瑞斯山谷着陆的报道。当第一张图片在屏幕上闪现时，我们爆发出热烈的掌声，照片显示的圆石和卵石让人联想到亚利桑那州干涸河床上的石头。

现在，我所在部门的团队正在使用卡西尼号上的仪器进行研究——卡西尼号是一艘目前正在进入土星轨道的航天器，并携带伴随着陆器惠更斯号前往土星最大的卫星泰坦（土卫六）。另一支团队正忙于建造高分辨率成像科学实验（HiRISE）装置，这是一个将被安装在“火星侦察轨道器”上的高级摄像头。在柯伊伯大楼里，似乎我每次转弯时都会听到某个航天器团队正为任务的每一个细节而苦恼不已。

这些对话大多围绕一个目标——火星。2003年，LPL赢得了凤凰号火星着陆器的领导权，探索这颗红色行星上的水资源。这一消息对亚利桑那大学社区及火星科学家们来说极为重要，但同时标志着太空探索的组织和资金分配方面发生了重大转变。

凤凰号代表了NASA对任务团队策略的新方向。不同于卡西尼号那样耗资数十亿美元、由NASA集中管理的庞大旗舰任务，凤凰号的任务预算较低，且涉及大学、NASA中心以及航空航天行业之间的合作。其科学领导和着陆器操作由LPL负责，洛克希德·马丁公司则负责构建和测试飞船。与此同时，位于加州的喷气推进实验室（JPL，NASA的一个机构）会管理这个项目。加拿大航天局也参与其中，提供了一个装配有创新的激光基大气传感器的气象站。整个项目中最酷的部分是，一旦JPL将着陆器安置在火星表面后，他们就会将控制权交给整个任务的首席研究员彼得·史密斯（Peter Smith）。着陆器的日常运作将由LPL的科学家们掌控。

我办公室电话的不祥铃声将我从遐想中惊醒。是我的领导迈克·德雷克打来的。作为部门里的“小孩”，我的第一反应是我做错了什么。早期我确实犯了一些小错，比如未经批准购买设备或使用错误的复印机代码等小事。我确信这次电话是因为自己又犯了类似的小失误，并准备好道歉。然而，当迈克那独特的英国口音从听筒中传出时，我能感觉到他很兴奋。

“但丁！——”他开口道，显然很高兴我在办公室，“洛克希德·马丁公司的人来访了。对方想与我们合作一个新项目，我想让你加入。你下班后能来一趟亚利桑那旅馆（Arizona Inn）和我们见面喝一杯吗？”

我告诉迈克当然可以，尽力表现出自己并不是很惊讶。

几小时后，我走进亚利桑那旅馆的庭院，这家历史悠久的精品酒店位于校园东北侧，我深吸了一口它那郁郁葱葱的花园的芳香。当我走进奥杜邦酒吧的露台门时，我找到了迈克的秃顶和大眼镜，然后坐在他旁边的空椅子上。

“这是史蒂夫·普莱斯（Steve Price），”迈克一边说着，一边朝我们的同伴挥手，“洛克希德·马丁公司的业务发展部主管。”

我与史蒂夫握手之后，就下了酒水订单。寒暄还没结束，服务员就送来了一杯苏格兰威士忌给史蒂夫，另一杯给了我，以及一瓶肯德尔-杰克逊霞多丽给迈克。

史蒂夫直奔主题。

“如你所知，我们一直在为NASA建造行星际探测器，并且对最近竞标成功的凤凰号火星着陆器提案感到非常兴奋。”史蒂夫把酒杯挪开了一些，以便接下来揭晓重头戏，“现在，我们将目光投向了一项小行星样本返回任务。我们认为这非常适合NASA的‘探索计划’（Discovery Program），该计划资助小型行星探索任务。我们希望迈克能担任首席研究员（PI），并希望LPL领导科学研究。”

“这就是我打电话给你的原因，”迈克插话说，“这个项目将是你天体生物学研究的自然延伸。”

✦✦✦

在2001年到达LPL后不久，我便开始专注于从NASA申请研究经费。他们的天体生物学项目欢迎我加入，并提供了一笔为期三年的可观经费，用于磷元素方面的研究工作。

正是我在圣路易斯进行的硫化物形成研究，让我接触到了这种化学元素。随着研究的进展，我对金属被硫化物蒸气腐蚀的复杂性理解增加了。从纯铁过渡到铁镍合金，然后过渡到取自铁陨石的天然样品。在最后一组实验中，磷的表现与所有其他元素截然不同。磷没有与硫结合形成硫化物矿物，而是顽强地抵抗腐蚀。令人惊讶的是，它在金属－硫化物界面处积聚，形成了一层厚厚的铁－磷化物矿物层。我当时并不知道，但这种反应是我进入天体生物学研究的起点，并将指导我余下的职业生涯。

磷是生命的核心元素。它构成了我们DNA和RNA的主干，为遗传碱基连接成长链提供了支撑轨道。磷还是ATP生成的关键成分，ATP是一种分子燃料，为地球上每一种生物的生长和运动提供动力。最终，磷也成为我们生命架构的一部分。它存在于构成我们细胞膜的磷脂中，以及构建我们骨骼和牙齿的矿物中。

就质量而言，磷是仅次于氢、碳、氧、氮的第五重要的生物元素。但陆地生物从哪里获取磷仍然是个谜。它在自然界中比其他4种元素稀有得多。宇宙中每280万个氢原子、海洋中每4 900万个氢原子以及细菌中每203个氢原子大约才有1个磷原子。

我与我的研究生马特 · 帕塞克（Matt Pasek）开始合作研究的前提是，由于磷在自然环境中的含量远低于在生物体中的含量，了解其在地球早期的行为能为我们提供关于生命起源的线索。到那时为止，大多数研究都集中在这种元素的常见陆地形态上，即一种名为磷灰石的磷酸盐矿物（phosphate），名称中的“-phate”部分表明磷处于高度氧化状态，这使得它在化学上呈惰性。当磷灰石与水混合时，只释放出极少量的磷。其他科学家曾尝试将磷灰石加热到高温，与各种奇特的高能化合物结合，甚至用自然界中未知的化合物进行实验。但这些研究都未能解释生命所需的磷是从哪里来的。

陨石中含有磷元素的矿物有很多种，其中包括许多在地球表面自然条件下并不存在的矿物。因此，马特和我决定调查它们中的每一种。经过无数次实验后，我们发现最重要的一种是一种金属相态，称为施列伯赛石（Schreibersite）。与磷灰石不同，施列伯赛石在我们的实验中反应极为剧烈。施列伯赛石是一种在地球上极为罕见的磷化物（phosphide），名称中的“-phide”部分表明它是化学还原状态的，这意味着它可以与氧发生剧烈反应。施列伯赛石在陨石中普遍存在，尤其是在铁陨石中，常常点缀有施列伯赛石颗粒或布满粉红色的施列伯赛石脉纹。

一旦我们锁定了这种相态，马特就开始进行非常简单的实验。他将施列伯赛石与室温下的新鲜水混合。然后，他使用一种叫做核磁共振光谱分析的技术来分析液体混合物。当第一次成功的实验完成后，马特兴奋地冲进了我的办公室。

“看看这些磷化合物吧，”他指着电脑屏幕上的图表说，“我简直不敢相信在这个简单的反应中发生了多少化学反应。”

我浏览了检测到的化学物质清单，立即瞄准了其中一种。“我们生成了焦磷酸盐？”我用手指指着屏幕提示道。

“看起来是这样。”马特回答道。

这是一个重要的发现。焦磷酸盐是生物化学上最有用的磷酸盐形式之一。之前的实验已经形成过这种化合物，但那是在高温或其他极端条件下形成的，而不是简单地将矿物质溶解在水中。

我想，这确实可以推进外源传递假说，考虑到陨石可能已经将生命的组成部分传递到了地球。

传统上，这个理论是指碳质球粒陨石向早期地球提供水和有机分子。铁陨石与这些岩石完全无关。它们是古代金属核心的碎片，就像地球中心的巨大金属球一样。我们的发现为外源性交付清单增加了一整类新材料。

不过，我并不是唯一意识到这一发现重要性的人。几个月后，《发现》杂志的一位编辑打电话告诉我，我们的磷研究是他们年度100项最佳科学发现之一。有了这一认识，我确信小行星是了解地球和整个太阳系生命起源的关键。

✦✦✦

当迈克和史蒂夫喋喋不休地谈论小行星样本任务的可能性时，我轻轻摩挲着手中的酒杯，想起了我那聪明的年轻研究生、我所监管的实验室，以及正在实验室中进行的激动人心的工作。我还想到了自己刚从NASA获得的资金，打算用以建立一个全新的质谱分析实验室。迈克和史蒂夫所提供的机会无疑是令人兴奋的，但这意味着我需要放弃很多东西。

我也在担心职称评审的问题。大多数助理教授都非常关心他们的终身职位评审，我也不例外。我的评审将在两年后进行。行星探测任务并非易事，我们构想的这类项目可能需要几十年时间才能实现，这涉及周密的计划和长年的资金竞争——其中绝大多数以失败告终。一份失败的提案绝不是我能用来打动晋升和职称评审委员会的资本。即便我们的项目竞标成功，单是设计、建造、测试和发射航天器也需要5年以上的时间。这是一个技术和政治层面的双重挑战，随时都有可能面临国会不支持而导致项目取消的风险，最终留下的只有PPT演示文稿和破碎的梦想。

即便是那些成功发射的任务，成功率也是参差不齐。每有一个成功的太空任务，似乎就有3个失败的任务。在火星观察者号失联后，NASA开始向火星发送体形更小、成本更低的探测器，结果却是好坏参半。1999年，我坐在亚利桑那州立大学的一个会议室里，与“火星极地着陆器”的科学团队一起，再次目睹了航天器信号消失的惊恐一幕。着陆器的下降火箭由于被自身的隔热罩误导（误认为是火星表面）而过早地熄灭了。

这些航天器的失败在心理上给我留下了深刻的印记，其中最让我难忘的是看到劳拉在火星观察者号失联后在走廊里啜泣的情景。2001年，奥德赛号飞船冲向火星时，尽管我的朋友、LPL教授比尔·博因顿在上面安装了一个伽马射线光谱仪，我却拒绝参加入轨派对。我想，也许是我给这些火星任务带来了不幸。果不其然，没有我在场的情况下，奥德赛号成功进入了轨道，不久比尔就聘请了凯特作为该任务的航天器工程师和数据档案管理员，这是她进入这个专业领域的第一次尝试。

从积极的一面看，NASA显然对样本返回任务很感兴趣。在最后一艘阿波罗飞船将一批月球岩石带回地球30多年后，如今这类任务正卷土重来。

第一次行星际传递已经在进行中。创世纪号是一艘无人驾驶的航天器，它发射于2001年，用4个暴露在外的圆形金属托盘收集了两年的太阳风样本。

星尘号彗星样本返回任务于1999年初发射，2004年初星尘号与怀尔德2号彗星相遇，从其彗发区（由冰和尘埃组成的气态外壳）中采集了样本。为了完成这项任务，航天器配备了一个形似网球拍的仪器，里面含有一种非常特殊的物质——气凝胶。气凝胶是一种基于硅的固体，主要由空气构成，为以极高速度飞行的太空尘埃提供了一个柔软的、海绵状的着陆垫。气凝胶的真正妙处在于，它能让这些样本在几乎不改变其物理或化学性质的情况下停止移动。我当时正忙于规划分析这些样本，它们的返回是我向NASA申请建立质谱分析实验室的主要理由。

我答应迈克参与这项任务的主要原因很简单，就是自己的科学研究所需。在探索生命起源的过程中，我意识到陨石研究的局限性。回想起丹尼对南极洲浸水样本的焦虑，我越来越清楚地意识到，地球上的污染实际上正在侵蚀碳质球粒陨石中最重要的前生物化合物。陨石在被其小行星母体喷射而出以及进入大气层的过程中都会发生变化。此外，这些物质很快就会被地球上的微生物污染、占据并消耗掉。

总而言之，接受迈克的提议，权衡其利弊相对简单。我将放弃的一切包括：我不再教的课程、不再监管的实验室，以及与我的妻子和未来会有的孩子共度的漫长夜晚。

当然，我不需要说服任何人这项任务会带来回报。在不太可能的情况下，如果探测器真的起飞了，所获得的关注、赞誉和成就感将是无与伦比的。我感觉自己像是在一场游戏节目的最后一轮，面临着巨大的博弈损失风险，但幕后仍然隐藏着一份无法抗拒的终极大奖。

但事实是，当我为这个决定痛苦挣扎时，有一个变量我无法解释，有一种动机我无法言述。那是一种感觉，一种我在童年时多次深入沙漠探险时所体验过的感觉。那种驱使我在沙漠中挖掘尾矿堆的好奇心，那种我填写太空基金项目申请表时的冲动，那种驱使我到达地球冰冷边缘的动力。在我与迈克谈判这份工作时，也是内心深处的那个不可知的声音占据了我的思想。现在，我的直觉告诉我，如果我不答应，我的好奇心将永远不会得到满足，我的问题将永远无法得到解答。我们来自哪里？我们在宇宙中是否孤单？

于是，在享用鸡尾虾和饮品的同时，我们三人在一张压花纸巾上勾勒出了一个项目计划。洛克希德公司提出一个概念，迈克拥有管理资质，而我了解科学。我们当时并没有特定的小行星目标或明确的科学目标，只确保能够建造一艘飞船，以及迈克和我最终能够亲手接触到天体生物学家梦寐以求的东西——罕见的、深色的且富含碳的小行星的原始碎片。想到我可以挑选其中一块，并将样本送回地球，感觉就像魔法一样，我们仿佛就是召唤外太空的石头进入我们实验室的巫师。

“好的，”我试探性地说，“我参加，但我有几个要求。首先，我需要一些资金来支付我的夏季薪水。”

“没问题。”史蒂夫回答。

“其次，”我看着迈克继续说道，把他看得更像是我的合作伙伴而非领导，“我希望确保这件事不会对我的终身职位评审产生负面影响。”

麦克点了点头表示理解，道：“我无法做出任何保证，但你目前的表现记录足够优秀，我无法保证预见的任何问题。不过我会确保提供全力支持。”

在得到这样的保证后，我们就各自的角色和责任达成一致意见。迈克负责管理团队，与NASA打交道，并向科学界推广这个项目——这是“向上和向外”的工作。而我将专注于科学方面，领导小行星探索工作，并制订样本分析计划——这是“向下和向内”的工作。

我认为，这个计划让我有时间完善自己的职称评审材料，并从迈克那里学习我能学到的一切东西——管理、预算和政治——这些都与这样备受瞩目的项目相关。就这样，我们开始了。

✦✦✦

我从亚利桑那旅馆回到家时，已是傍晚时分，与其说是因为喝了威士忌而兴奋，不如说是因为纯粹的肾上腺素激增。凯特还没回家，我便坐在我最喜欢的躺椅上，拿起纸笔。既然我要负责小行星样本返回任务的科学工作，就不想浪费任何时间。我从宏观视角开始——制定顶层任务目标。要想让这个任务成功，它需要涵盖多个主题，以满足小行星科学界内不同派系的需求，这个领域因明显的科学分歧而四分五裂。

我放松地靠在椅子上，试图平息内心的杂念。我的思绪飘到了太阳系，回想起我研究过的陨石的外观、触感和气味。我想象着那些仍在太空中漂泊的岩石，它们见证了过去45亿年的历史。

我想知道这些岩石中是否有些正寻找机会到达地球表面，到达我的实验室，讲述它们身上记录的故事。我回想起我与德维托博士的合作，回想起我们如何利用化学指纹跨星际传递信息。我记起《奥秘》杂志中的那些鼓舞人心的故事，未来的冒险者穿梭于太阳系各处，以及舒梅克–列维9号彗星在木星上造成巨大破坏的惊心动魄的画面。

将意识拉回到当下后，我写下了4个词：

ORIGINS（起源）

SPECTROSCOPY（光谱学）

RESOURCES（资源）

SECURITY（安全）

将任务归结为这4个关键的科学概念，将有助于集中团队的精力，为在航天器设计和操作方面做出艰难决策时提供指导。

第一个概念“起源”是个既定的目标，是我所有科学工作的追求方向。获得原始的、古老的小行星物质将使我们比以往任何时候都更多地了解我们的起源。这个目标满足了宇宙化学家的需求，也满足了像我这样的以精确分析外星样本为事业基础的实验室人员的需求。

第二个概念“光谱学”，是指通过测量从小行星反射的太阳光和发射的热辐射来推断其表面的矿物和化学成分。碳质小行星以黑暗著称，这使得通过望远镜研究它们极具挑战性。通过航天器近距离接触这样一颗小行星，并将样本带回地球，将为我们提供一种类似“罗塞塔石碑”的工具，当通过望远镜研究其他小行星时就能用得上它。通过这一目标，我旨在争取小行星天文学家的支持。他们是一群专注的科学家，在偏远山顶度过无数夜晚，收集来自太阳系遥远岩质天体反射或发射的光子，以推断其表面成分。

当我写下“资源”这个词时，我真正释放了自己的极客天性，这基于我长期以来对科幻小说的兴趣。开采小行星上的水、有机物和贵金属的想法是就地资源利用（ISRU）的核心主题。这个群体虽然不大，但充满活力，由科学家和具有前瞻思维的企业家组成。通过飞往一颗近地碳质小行星，绘制其化学和矿物学图谱，并将一块样本带回地球，我们的任务团队将带回一个“标本”样本，证明该概念的可行性，并为新兴的小行星采矿行业提供急需的灵感。我想象着未来的小行星矿工们在构思2020年及以后的外太空资源开采的下一波浪潮时，会仔细研究我们的数据。

我知道“安全”是很受大家欢迎的一个关键词。继舒梅克-列维9号彗星撞击木星之后，保护地球免受类似灾难的威胁，其前景在NASA及其依赖的国会资金支持中一直很受欢迎。这也是LPL科研工作的关键一环。得益于这项研究，LPL也有了稳定的资金来源。1998年，史蒂夫·拉尔森和两名天文学本科生蒂姆·斯帕尔和卡尔·赫根罗瑟发起了卡特林那巡天计划（Catalina Sky Survey，CSS），使用的是20世纪70年代由柯伊伯建造的望远镜。现在，经过多次升级后，卡特林那巡天计划已成为发现潜在危险小行星的效率最高的项目，并成为NASA行星防御计划的核心组成部分。

我用笔轻敲着纸张，审视着我的文字。4个词的首字母——O、S、R、S——赫然映入眼帘。我的书架上有本关于埃及神话的书，已经翻阅得有些破旧。那是我孩提时代在荒凉的亚利桑那沙漠中的消遣，里面的故事我几乎都背下来了，而奥西里斯的神话是我最喜欢的故事之一。

奥西里斯的故事与我们新生的太空任务的科学，在某种程度上有相似之处。相传，奥西里斯将农业知识传播到整个尼罗河三角洲，使得现代文明成为可能，并在真正意义上为古代世界带来了生机。他被尊为与水有关的神，因此也与尼罗河谷沿岸的农作物有关。同样，碳质小行星被认为将原始的水和生命起源前的有机分子带到了地球，从而催生了从贫瘠的行星表面萌芽的生命。

奥西里斯死后，其他神祇将他复活为冥界之神。同样，小行星撞击可能导致大规模灾难和物种大灭绝。然而，这种破坏也带来了新的机遇以及随后新物种的诞生。事实上，我们的起源可能要归功于6 500万年前尤卡坦半岛发生的巨大小行星撞击事件所而导致的恐龙灭绝。只需一点点想象力，就能将小行星和奥西里斯联系起来：它们既是生命的带来者，也是死亡的预兆者。

突然间，一个缩写在我脑海中浮现。我所要做的就是“添上几个元音字母”。我略作调整，在字母之间加上了两个细小的字母“I”，然后写下了：

ORIGINS（起源）

SPECTRAL（光谱）

INTERPRETATION（解释）

RESOURCE（资源）

IDENTIFICATION（识别）

SECURITY（安全）

奥西里斯（OSIRIS）任务就这样诞生了。

第二部分

第五章
不惜一切代价

洛克希德·马丁公司很喜欢这个名字，迈克也很喜欢。我们开始定期前往丹佛，在洛克希德·马丁公司太空科学大楼的一个小会议室里安顿下来。我们与洛克希德工程师小团队迅速展开了合作，在不到5个月的时间里为NASA制定了一份提案。我们怀着满腔热情，甚至带着些许骄傲，于2004年7月提交了该提案。

不过，这个提案失败了。

NASA将任务提案分为四类，从备受追捧的第一类到不怎么受欢迎、基本上只能礼貌拒绝的第四类。我们属于后者。

NASA表示，我们的科学目标是合理的。但是，工程、管理和成本考量方面却不尽如人意。最关键的是，我们对要选择的目标小行星的情况了解甚少。我们的决策主要是基于轨道约束，这使得该目标较易达成。然而，我们的主要科学目标是了解碳是如何被传递到生命起源前的地球的。由于我们对小行星的成分知之甚少，无法保证它含有对我们的研究至关重要的碳元素。在有了一系列职业上的成功后，这次的失败虽然不完全出乎意料，但还是让我感到有些气馁。我不禁在想是否应该及时止损。

此外，另一件事加剧了我的疑虑。那年秋天，洛克希德·马丁公司为创世纪号任务建造的样本返回舱在犹他州的沙漠以193英里每小时的速度坠毁。它的降落伞未能成功展开，导致精密制作的样本收集板碎成了数千片，散落在犹他州的土地里。这是洛克希德公司的第一次样本返回任务，而这次失败是在该航天器于太空收集太阳风粒子的两年后发生的。其设计将成为奥西里斯号（OSIRIS）航天器的基础。如果创世纪号在硬着陆于沙漠地面之前，NASA就对工程方面不满意，那么这次新发生的事故肯定也不会有什么好影响。

但是，当我犹豫不决时，迈克却很坚定。他坚持认为，创世纪号的坠毁对我们而言是个好消息。

“这怎么可能？”我问。

“有时候，失败和成功一样重要。”有一天吃午饭时，他边喝着霞多丽葡萄酒边解释道。他那英国口音甚至能让最可疑的陈述听起来都颇具道理。“现在，那些工程师可以将他们从失败中学到的所有经验教训应用到我们的航天器上。”

几天后，我坐在他的办公室里，当他给洛克希德·马丁公司打电话时，我的印象非常深刻。他就像一个在服务台被冷落的客户一样，要求对方把最好的工程师提供给我们。

“我们需要他们的一流团队。一旦我们找到了合适的人，工程就会落实到位，”他自信地微笑着告诉我，“你只管关注科学就好。”

我不得不提醒自己，向上和向外是迈克的工作，向下和向内则是我的工作。

迈克是一名“游戏玩家”、一名战略家，他始终坚定要达成他的目标。在亚利桑那旅馆那个决定性的下午之前，我就已经知道这一点了。在我们这个领域，迈克是个传奇人物。他始终保持开放的心态，面对挑战无所畏惧，他将太阳系如何形成和演化这一宏大问题作为他职业生涯的重心，他在高压下进行了大胆的实验，以模拟行星核心的形成。即将年满60岁的他，已经获得了我们领域内几乎所有的奖项和荣誉。OSIRIS任务将成为他荣誉簿上的巅峰之作，为他已然无可挑剔的传奇生涯画上圆满的句号。

在推进第二份提案的过程中，我思考了很多关于“传承”的事物。我脑海中想到的是杰拉德·柯伊伯、卡罗琳·舒梅克、比尔·博因顿和菲尔·克里斯滕森等科学家们，他们日复一日地追求自己的梦想，即使社会嘲笑他们，体制对他们构成阻碍，抑或是他们的航天器在进入轨道前爆炸，也从未放弃。

同时，我也在思索未来。如果我们能成功将小行星碎片带回地球，这些样本将支撑无数的研究、博士论文甚至科研人员的整个职业生涯。亚利桑那州立大学的样本库改变了我的人生轨迹。我希望未来的学者们也能有这样的机会。当丹妮·德拉吉斯蒂娜（Dani DellaGiustina）成为我太空资助项目的学生时，未来突然有了具体的名字和面孔。

一开始，我就在丹妮身上看到了许多自己的影子。她来自埃尔帕索的一个贫穷社区，跟我一样性格直率，热爱攀岩，也曾帮助单身母亲抚养她那个麻烦的弟弟。但丹妮也是个通才，思维活跃，富有创造力和想象力，这使她在所有其他（都非常优秀的）申请者中脱颖而出。丹妮那双巨大的棕色眼睛似乎总是充满了好奇和惊异，这让我想起了自己作为太空基金受助学生的那段令人眼花缭乱的日子。

丹妮与我一起参与小行星科学研究项目，她想探究小行星如何帮助人类找到安全前往火星的通道。通过研究那些在单一轨道上既经过地球又经过火星的小行星，她开发了“火星巴士时刻表”。她提出，这些小行星可以作为宇航员前往火星的危险旅途中的辐射防护屏障。这项工作引起了广泛关注，并获得了多项奖项的认可。

这种创新思维，正是我希望能在OSIRIS团队中看到的。因为之前从来没有人尝试过在小行星上着陆，我们也没有现成的最佳实践案例可以参考，所以我们需要像丹妮这样既有创新力又富有前瞻性的科学家，不仅为确保我们的样本安全，也为了引领未来的深空探索任务。她承担领导了OSIRIS任务中的一项学生实验。

我开始意识到，我们这项方兴未艾的任务远不止关乎科学。它还关乎人——关乎迈克的志向和丹妮的未来。我当前的任务变得清晰明确：去寻找一个合适的、很有可能富含碳的小行星。现在，是时候决定选择哪一个了。

✦✦✦

当我遇到卡尔·赫根罗瑟（Carl Hergenrother）时，他已经有了一颗以他的名字命名的小行星，以纪念他创建了卡特林那巡天计划（CSS）。作为一名自学成才的天文学家，卡尔更喜欢独自在山顶的天文台过夜，而不是坐在演讲厅里。在CSS工作期间，他发现了3颗彗星和无数小行星。他正在和我的一位研究生约会，我们经常聊起他的工作。他还选修了我的"宇宙化学原理"课程，对这门学科表现出了浓厚兴趣。因此，就哪些小行星值得考虑作为任务目标的问题，向他咨询再合适不过了。

当我到达时，卡尔已经坐在一个隔间里了，他面前的杯垫上放着1品脱啤酒。卡尔长着一张孩子气的脸，留着头灰白的长发，在我们周围的大学生中显得格外显眼。当他们谈论派对在哪里举行以及谁与谁约会时，我告诉卡尔，就像任何人会做的那样，我需要一颗小行星。

卡尔把一缕银发拨到耳后，毫不犹豫地说道："没问题。"他等我向他提供更多细节，这些细节可能有助于他从太阳系中50万颗已知小行星中筛选出一些可能的目标。

"显然是近地小行星。块头得足够大，其表面要有一些风化层、松散的岩石和尘土。"我一边解释，一边喝了口啤酒。

"说得有道理，"卡尔回答说，"如果你想要它有风化层的话，我们要找的是直径至少200米的小行星。”

“你是怎么得出这个数字的？”我好奇地问，想知道他是如何得出这样精确的数值的。

“我们一直在研究一类快速自转的小行星，”他继续说，“结果发现，大多数直径小于200米的小行星自转速度非常快，有些每分钟自转超过一周。自转如此之快的小行星会将其所有的风化层甩入太空。”

我靠回座位。“好极了。还有最后一件事——它必须是富含碳的。”

这句话让卡尔的眼睛微微一眯，我观察着他的脸，他在脑海中过滤着小行星的清单。这是一个要求极为具体且苛刻的请求：一个离地球足够近、足够大且自转足够慢以便探测器能从其表面取样的小行星，而且还必须是暗色且富含碳的，这样才能拥有一些构成生命的基本物质。

“我能想到几个可能符合条件的。”卡尔说。我们喝完酒后，他承诺在下周一之前给我发送一个列表。

周一早上，我的收件箱里躺着一封电子邮件。邮件是在凌晨2:00发送的，内容很简单：

2001 AE2（T型）

1999 JU3（C型）

1998 KY26（C型）

1989 UQ（B型）

4个潜在的小行星目标，按照它们的临时编号和光谱类型列出。编号基本上是一个目录号，记录了发现日期和时间。例如，1999 JU3是在1999年5月10日发现的。光谱类型是根据小行星反射太阳光的方式来对小行星进行分类的，这是其真正的科学价值所在。我立即对2001 AE2持怀疑态度。这个天体是第一次OSIRIS提案所列的目标，也是审查委员会批评的那一个。T型小行星极其罕见，关于它们的成分也知之甚少——它们的光谱类型与有机分子的存在之间没有确切的联系，这意味着这个天体不适合我们的任务。卡尔快速跟进，证实了我的疑虑。AE2非常明亮，反射了太多的阳光，无法表明其表面富含碳。

这样就剩下3个真正暗淡的候选小行星了：两个碳质C型和一个蓝色B型。这3个天体都有非常暗的表面，大概和木炭一样黑。特别引人注目的是B型小行星1989 UQ。这类天体与“活跃小行星”相关，这些主带小行星的行为类似彗星，似乎会释放气体和尘埃。如果这些天体真的像彗星一样，它们的爆发就表明其表面富含冰和有机物，这正是我们一直在追寻的科学宝藏。我打印出了这条信息，并在1989 UQ周围画了一个粗圆圈。

几小时后，我的B型小行星泡汤了。我们的任务设计师拿到清单后不久就发邮件给我，带来了令人失望的结果。1989 UQ超出了OSIRIS的飞行范围。要克服这一距离所需的能量成本实在太高，没有任何一艘火箭或探测器能抵达那里。

大约一个小时后，卡尔又传来了另一个坏消息。1998 KY26非常小，直径不超过130英尺。我便把它从列表中划去。

只剩下1999 JU3了。我们的任务设计师开始忙碌起来，为穿越太阳系规划航线。我们第一次提案中的一个主要工程缺陷就是推进系统。我们希望使用太阳能电推进技术，这是一项相对较新的技术，在当时NASA进行的黎明号（Dawn）小行星探测任务（目标是灶神星和谷神星）的应用中遇到了重大问题，该技术目前仍在开发完善中。不过，我们可以使用双组元推进系统前往1999 JU3，该系统通过混合燃料和氧化剂来推动探测器在太阳系中航行。双组元推进技术虽然也很复杂，但比太阳能电推进简单一些。如果没有其他选择，那么1999 JU3将是我们的目标，尽管推进系统会复杂一些。

在舒梅克-列维9号事件发生几年后，美国国会正式指示NASA搜索太阳系，并识别可能对地球构成威胁的彗星和小行星。突然间，这个曾被斥为科幻话题的议题有了一个直接从科幻领域借用的名字。“太空卫士”（Spaceguard），这个术语是由著名科幻小说作家亚瑟·C.克拉克（Arthur C. Clarke）创造的。这是一个全球科学家联盟，他们像舒梅克夫妇一样，开始在天空中搜寻可能威胁到我们的岩石。

麻省理工学院的林肯近地小行星研究项目组是其中一个团队。1999年9月11日，该实验室的科学家首次观测到一颗他们命名为1999 RQ36的暗色小行星。2005年8月29日，小行星1999 RQ36再次出现在夜空中。2005年9月20日，它将接近地球，距离约为13个地月距离。鉴于其接近地球的程度，包括我们团队在内的小行星天文学界将全部注意力都集中在这块岩石上。

数据令人震惊。雷达观测显示，它的直径约为1 600英尺，每4.3小时自转一周。光谱分析结合亮度和雷达数据表明，这是一颗B型小行星，在近地小行星中仅有少数几颗。由于其大小和轨道接近地球，小行星中心将1999 RQ36列为“潜在危险小行星”。随着科学界分析雷达数据并改进精确轨道计算，这颗小行星迅速成为行星防御计划的首要目标。

此外，这些数据清晰到可以解析出这颗小行星的形状。当3D模型在我面前的屏幕上旋转时，我惊讶于它近乎球形的形象，惊叹于如此小的天体竟能有如此完美的形状。通常情况下，行星体在熔化时会变成球体，通过流体静力平衡（Hydrostatic equilibrium）来平衡重力。

我不禁想，这个天体会不会像液体一样呢?

在赤道处可以看到一个明显的隆起，数据显示，在南半球有一块突出的大岩石，仿佛一个痘疮。除此之外，其表面看起来很光滑，非常适合取样。

几乎在一夜之间，1999 RQ36从一个相对不为人知的小行星，变成了历史上最为人所详细了解的小行星之一。这个天体满足了我们所有的科学需求。它是我们梦寐以求的B型小行星，其大小和自转状态都符合我们的要求，表面看起来光滑且易于接近。我们观测活动所积累的丰富知识使得近距离操作的规划更加稳健。拼图的最后一块是可达性。这颗宝石般的天体是否会像它的“表亲”1989 UQ那样难以企及？我将这一目标发送给任务设计团队进行分析。

他们立即回复道："这个目标看起来很不错。它的轨道与地球的轨道非常类似，其飞行轨迹看起来对于探测任务相当可行。更棒的是，我们可以利用单组元推进系统到达那里。"单组元推进系统是目前最简单、最可靠的推进系统。如果我们想要加强完善工程方案，这无疑是一个巨大的进步。就这样，我们确定了目标。我笑得那么开心，以至于能感觉到脸部肌肉的酸痛。

我们找到你了，我在心里想着，内心深处涌动着对这个决定的坚定信念。

关于这颗小行星的一切都感觉对极了。

✦✦✦

2006年11月初，在我和凯特迎来我们的第一个儿子桑德尔（Xander）两周后，我们接到了电话，得知OSIRIS任务被NASA选中参加A阶段概念研究竞赛，这相当于行星科学领域的冠军赛。不过，这次NASA只选了3个项目来竞争：我们的OSIRIS、月球探测器GRAIL和金星探测任务Vesper。每个团队将获得一年时间和100万美元，用于完善我们的任务研究。

在消息宣布之前，我就能感觉到我们正在取得进展。选择太阳系中最危险的小行星给了我们优势，在我们提交第一份和第二份提案之间的几年里，我们也组建了一支强大的科学家和工程师团队。我发现，迈克总能吸引到顶尖人才。虽然他喜欢称自己为"仁慈的独裁者"，但实际上，迈克是一个有魅力的领导者。他是个斗士，无论是面对洛克希德·马丁公司的高管还是团队成员，他都能应对自如。他从不要求任何人比他自己更努力工作。观察迈克，就像是在上一堂有关领导力的高级课程。

在飞机、酒吧和会议室里，我们一次次地修改提案，我也开始透过他那精心打磨的英国式外表，看到了他的另一面。例如，他喜欢驾驶四轮驱动车（或者像他所说的“越野吉普”）在沙漠中狂奔。每次到城里，他的第一站总是酒类商店，这样他就可以邀请我们去他的旅店房间进行社交活动（通常比一个小时还要长得多）。

迈克还展示了他温柔、更像父亲的一面。当凯特和我在图森买了第一套房子时，我们举办了一个乔迁派对，邀请了尽可能多的同事来参观我们中世纪风格的牧场式住宅。在巡视了房子后，迈克说它很完美，然后把凯特拉到一边，向她保证，我们所在的部门和大学会照顾我们。他承诺我们将会成就伟大的事业。当桑德尔出生时，迈克立刻被这小家伙迷住了，看着我们的儿子在马里兰州一家酒店的走廊里学习爬行，他惊叹不已。

是的，我们现在顺风顺水。团队士气高涨，洛克希德公司为我们配备了最优秀的工程师，NASA的戈达德太空飞行中心也加入进来，为我们提供项目管理支持——这是我们在上次评估中得分较低的领域。虽然在A阶段与我们竞争的另外两个项目也很有可行性，但它们并不像登陆小行星并采集太空岩石那样具有吸引力。

所以，当2007年12月我们的第二次提案被拒绝时，不仅令人失望，更让人震惊。在反馈会上，NASA对我们的项目和团队给予了高度评价。唯一的重大缺陷在于工作计划中的细节问题，而这很容易解决。NASA解释说，他们试图选择我们，甚至想让我们与最终胜出的GRAIL项目共用一枚火箭来节省资金。但由于“黎明任务”（Dawn mission）因推进系统出现问题而导致发射延误，给NASA造成了数百万美元的损失，这笔钱本可以让我们脱颖而出。尽管他们尽了最大努力，但最终，NASA表示，OSIRIS任务的成本还是太高了。

✦✦✦

在我们第二次被拒绝的前几年，NASA启动了“新疆界”（New Frontiers）计划，这是一项旨在资助耗资更高、目标更远大且科学回报丰厚的任务的计划。该计划得名于约翰·肯尼迪总统著名的演讲，他在演讲中称美国仍有“科学和太空中的未知领域”需要探索。“新疆界”计划的预算是“发现级”（Discovery-class）计划的两倍。NASA当时已经批准了新视野号（New Horizons）冥王星探测任务以及朱诺号（Juno）任务，而朱诺号是首个以外太阳系行星为探测目标的太阳能驱动航天器。2008年，负责设定“新疆界”计划优先级的美国国家研究委员会（NRC）宣布，将更新这些优先级，可能会为该计划引入新的任务类型。迈克和我知道，如果我们能说服NRC将碳质小行星样本返回任务列为优先级之一，我们的预算问题就会迎刃而解，奥西里斯号也会顺利升空。

于是，我再次看到迈克行动起来，向科学界宣传我们努力的成果。迈克与核心团队成员一起，成功争取到一个向NRC汇报我们任务的机会。我们的科研成果经过同行评审，被认为对NASA具有最高价值。我们的工程设计简单而强大，完全有能力完成这项任务。我们面临的挑战就是预算问题，而“新疆界”计划正好解决了这个问题。如果说有哪个任务应该归入这一类别，那一定是OSIRIS任务。

当NRC在2008年发布他们的修订建议时，小行星样本返回任务赫然在列。这不仅使我们的预算翻倍，NASA还会提供一枚更强大的火箭。有了额外的资金和升级后的火箭，将允许我们发射质量超过当前设计概念两倍多的飞行器。

这突如其来的资源让我头脑发热。一瞬间，所有曾让我们苦恼的挑战都消失了，就像一个孩子在写圣诞愿望清单一样，我增加了更多的科学仪器、更多的发动机以及充足的燃料，以便在小行星周围进行机动调整。我几乎能感到自己要顺风顺水了。然而，另一方面，还有两个非常令人兴奋的样本返回任务在竞争中，其中一个是前往彗星的任务，另一个是前往月球背面的任务，它们的竞争相当激烈。

我们的前两次失败教会了我们很多（迈克对失败的看法是对的），而我们获得A阶段的邀请则表明NASA对我们的想法很感兴趣。对我来说，我们在“新疆界”计划的竞争中已经领先了，但这还不够。我们需要把项目推进得更快、更强、更好。当团队

迈克和但丁，约摄于 2007 年（亚利桑那大学供图）

在第三次提案前的启动会议中齐聚图森时，我站在讲台上，带着总统候选人般的自信宣告道："我们会赢得这次竞争，并且会把 1999 RQ36 小行星的一块样本带回地球。"

事实证明，有了"新疆界"计划的额外预算，"更快、更强、更好"变得容易多了。我们增加了新的团队成员，我开始把他们看作行星科学界的"正义联盟"。我们请来了凤凰号火星着陆器的负责人彼得 · 史密斯，可靠的热辐射光谱仪的制造者菲尔 · 克里斯滕森，请卡尔 · 赫根罗瑟来领导小行星天文团队，以及我的南极帐篷伙伴丹尼 · 格拉文来领导有机物分析工作。比尔 · 博因顿也加入了我们，运用他的专业知识和经验帮助我们避免重蹈覆辙。迈克·诺兰（Mike Nolan）也加入了我们的团队，他曾是阿雷西博天文台的负责人，领导了对1999 RQ36小行星的雷达观测工作。

这些专家以点带面，各自都推荐了一些人选，团队迅速壮大，涵盖了在火星、水星、金星、木星、土星和冥王星等任务中有经验的成员。来自NASA、史密森学会和顶尖大学的世界级专家都聚焦于样本科学研究。研究小行星在太阳系中游走轨迹的动力学家们开始策划安全调查。我们的线上和线下会议汇聚了很多有个性的人，虽然有的人性格古怪，但都才华横溢。这与初次提案时我们寥寥数人的任务团队相比，情况有了显著不同。

预计的科学载荷现在非常令人期待。我们上一次提案所列任务的配置非常简陋，只配备了少数相机用于表征小行星、获取样本并尽快返回。这次，我们执行的是真正意义上的小行星遥感探测任务。我们增加了3台科学相机：PolyCam用于从数百万英里外发现1999 RQ36并对表面进行显微成像；MapCam用于对小行星进行全色测绘；SamCam则用于记录与小行星表面接触的数据。我们还增加了3台新仪器来加强光谱分析科学：一台可见光和红外光谱仪，用于测量小行星的化学成分和反射率；一台热辐射光谱仪，用于感应小行星表面散发的热量；还有一个加拿大制造的激光高度计——其设计基于成功应用于凤凰号上的仪器——用于快速生成三维地图。我们还赞助了一个学生项目，称为REgolith X-ray Imaging Spectrometer（REXIS），以培养下一代任务领导者。

拼图的最后一块是任务的名字。OSIRIS在NASA总部有很高的品牌知名度。但是，OSIRIS是一个“发现级”任务。我们需要这么一个名字，既能体现我们的传统，又能表明我们与从前相比“更大、更好、更强”。这时，一个团队成员建议叫OSIRIS Rex，房间里传出阵阵笑声。但整个晚上，这个名字在我脑海中一直挥之不去；它听起来就像是一个“新疆界”任务的名字。这个名字能让人联想到强大的恐龙，这更增加了它的吸引力；大家都把这些巨型爬行动物与毁灭性的小行星撞击联系在一起。就像我第一次灵光一现那样，这次也是突然想到的：我们可以用反向首字母缩略词，把两个词放在一起形成这个缩写：REGOLITH EXPLORER。毕竟，我们追求的是1999 RQ36的小行星表层物质（regolith），就像古代的探险家一样，我们在寻找宝藏和冒险。于是，我们就叫“奥西里斯-雷克斯”（OSIRIS-REx）了。

当然，更多的资金、更多的科学家和更多的仪器也带来了管理方面的挑战。迈克和我都觉得需要一个专门的团队成员来处理各种人事和资金问题，以确保我们按计划进行。幸运的是，我们身边就有这样的人。

希瑟·伊诺斯（Heather Enos）在1991年以财政援助办公室的会计师身份开始了她在亚利桑那大学的职业生涯。而后她迅速晋升，跨入了一个完全不同的领域，当时尤金·列维（那位打破我SETI梦想的人）要求她帮助大学管理NASA合同，她接受了邀请，并帮助比尔·博因顿重建了在火星奥德赛任务中丢失的伽马射线光谱仪，负责监督工程师、科学家和学者们的预算和日程安排。希瑟虽然身材娇小，但很有气场。她对航天器硬件方面的知识了如指掌，任何不足之处都通过她详细的笔记得到了弥补。她的任务笔记本记录得相当详细，现在已被亚利桑那大学特别收藏部存档。

希瑟后来参与了凤凰号火星任务，该任务于2008年在火星表面着陆。着陆器的任务是探索这颗红色星球数月，它一直在研究由奥德赛号探测到的地下冰层区域，希望找到这颗星球古老的历史和其潜在宜居性的证据。

随着着陆器挖掘的深入，它发现了一些真正令人惊讶的东西：碳酸钙矿物，这表明火星上曾经有过融化的水。这是一个突破性的发现，因为它暗示火星过去的气候可能比之前认为的更宜人。

但这还不是全部。着陆器还发现了对生物学有重要意义的土壤化学成分。数据显示，火星土壤中存在有机化合物，这是我们所知的生命形成的关键成分。

然而，这次任务最大的惊喜是着陆器发现了高氯酸盐，这种化学物质在地球上是某些微生物的食物，但对其他微生物则可能有毒。这一发现改变了我们对火星的看法。研究人员进一步研究这一发现时，发现当在智利沙漠土壤（地球上最接近火星土壤的模拟物）中加入少量高氯酸盐时，会产生氯甲烷和二氯甲烷。这些化合物正是30年前海盗号探测器测试中观察到的同一种化合物，在当时被排除为地球污染物。凤凰号火星车的结果表明，这些早期的火星探测器可能确实找到了生命的证据。

随着太阳在火星上的凤凰号的上空落下，这艘以太阳能驱动的航天器关闭了，它的任务取得了巨大成功。希瑟加入了OSIRIS-REx团队，带来了她丰富的知识和经验。团队组建到位后，我们开始忙于小行星样本返回任务的另一份提案，这是四年内的第三次。

✦✦✦

那是2009年，大约早上6点，在圣诞节和新年之间的那几天闲适的日子里，电话突然响了起来。我以为是坏消息，把听筒放到耳边时，不禁心跳加速。

“但丁，我是汤姆·摩根。”汤姆是NASA总部“新疆界”计划的科学家，“很高兴能联系到你。恭喜你，OSIRIS-REx被选中进入A阶段！”

我的心猛地一跳——我们又回到了冠军赛，希望这次我们能取得胜利。短暂的狂喜后，我的胸口开始紧绷，一股新的担忧油然而生。“汤姆，为什么你没有打电话给迈克？”

“其实我有打给迈克，但我联系不上他。”

这时我才意识到：到底还是个坏消息。

迈克的酗酒问题并不是秘密。我在早晨的会议上闻到过他呼出的酒气，当他点了一瓶酒而我只要了一杯时，我只是耸了耸肩。我们的同事开玩笑说，向我们的项目负责人征询许可的最佳时间是下午1点左右，那时他已经喝得差不多了。如果你不去深究酒精会对一个过度劳累、睡眠不足的60岁老人造成什么影响，那些在酒店度过的快乐时光确实令人愉快。在准备第三次提案期间，迈克出现了黄疸症状，眼睛发黄，皮肤蜡黄，肚子也肿胀起来。

我有很多理由保持沉默，什么都不做。迈克也似乎是无敌的，似乎什么都难不倒他，他知道自己在做什么，反正他也不会听我的，而这些都只是借口。当我们得知再次进入A阶段的那天早晨，我的朋友兼导师迈克却躺在了大学医疗中心的病床上，他的肝硬化病情严重到不容忽视的地步。他的肝脏已经完全停止工作，阻碍了血液流动。在接下来的几天里，医生在他的肝脏里安装了一个支架，并开始进行定期透析。慢慢地，迈克的脸色开始恢复血色。

当迈克的身体状态稍微恢复一些时，我们准备前往华盛顿特区的NASA总部参加A阶段的启动会议。当我抵达里根国家机场时，波托马克河上空的天空一片漆黑，低矮城市的灯光在寒风中闪烁。我给已经在城里的迈克和希瑟发了短信："一起吃个晚餐？"

但是，当我看到希瑟独自坐在酒店大堂时，我意识到出事了。她满是泪痕的脸庞证实了这一点。"迈克不在这里，"她说，"他在图森的重症监护室里。他已被插管了，医生不确定他能不能熬过今晚。"

我别无选择。第二天，我来到NASA总部，坐在会议桌旁一个空着的座位旁，那原本是迈克应该坐的地方，假装一切都在按计划进行。

NASA的项目科学家主持了这次会议。会议的大部分内容我现在已经记不清了，除了他们的开场白："OSIRIS-REx提案几乎是NASA总部见过的最完美的航天器任务提案。"我快速地与房间里的团队成员交换眼神，用目光向每个人表示祝贺。

接下来的汇报更加令人振奋。首先，OSIRIS-REx被列为一级任务。根据NASA的政策，"建议接受一级任务，能取代它们的通常只有其他一级任务"。其次，另外两个被选为A阶段的任务，MoonRise月球样本返回任务和SAGE金星着陆器任务被列为二级任务。根据NASA的说法，"二级任务是构思良好，且科学或技术方面可靠的任务，建议接受，但优先级低于一级任务"。

会议的结论是：成功与否取决于我们自己。

我们目前的最大威胁是领导团队状况不稳定。汇报结束两天后，我给任务领导层发了一封邮件，告知他们迈克正在休病假，我将暂时代理首席研究员之职。在校方领导层敦促迈克完全退休的时候，我投入到管理航天器任务的日常混乱中。我的会议内容从复杂的工程评审和小行星轨道设计，到安抚因NASA最新新闻稿内容而愤怒的团队成员。我之前专注于科研细节的工作日子，与现在凭感觉领导这个任务的疲惫现实相比，简直像一个美梦。生活变成了不间断的在职培训，我正在接受项目管理和系统工程方面的速成课程，同时还要兼顾一些科学工作。

2010年5月，迈克被安排进行肝移植手术时，我开始认为我可能会一直担任领导职务。下一次见到他时，他眼中的黄疸已经褪去，我已很久没看到他那清晰和专注的眼神了。一个月后，迈克重返岗位，仿佛他从未离开过。

我劝他悠着点。我认为他可以坐在亚利桑那州的办公室宏观管理，无须长途飞行到华盛顿特区或前往科罗拉多州与洛克希德·马丁公司的代表会面。这些事务我都可以处理。但他总是挥挥手表示拒绝。“我感觉很好，而且精力充沛。”他说。

迈克全力以赴，他的出差日程即使对年轻人来说也非常苛刻了，更别提是一个刚换过肝的老年人。退缩不是迈克的天性，尤其是在这可能是任务最重要的时刻。他圆满完成了日程上的每一个会议、简报和现场考察，充满激情地谈论着我们的任务可能会对人类理解宇宙产生的影响。为了参加NASA的最后面试，迈克

但丁和迈克在 NASA 总部做最后的陈述（但丁·劳雷塔个人照片）

从亚利桑那州乘坐夜班飞机前往华盛顿特区，坐在我旁边，就在一年半前我深感他缺席的那个会议室里。我们一起做了最后的陈述。

2011年5月25日，我和家人在北卡罗来纳州的赖茨维尔海滩享受放松时刻。此时，我的家庭已经增添了新成员——二儿子格里芬（Griffin），他在两年半前出生。迈克在图森的家中身体状况相对良好，而NASA的决定还需要几周时间才公布，所以我感到了久违的放松。过去7年里，我们完成了一项惊人的壮举，构思、规划和完善了一个前往太阳系中最危险的小行星的太空任务。在此过程中，我建立了人生中一些最有意义的人际关系。现在，无论发生什么，我都无法掌控了。当我把脚趾埋进凉爽的沙子里时，我知道，如果NASA最终拒绝了我们的提案，这些细节只能带来些许安慰，但即便如此，毕竟也是安慰。

就在那时，我感觉到手机在腿上振动。是迈克打来的。他说，NASA提前做出了决定，经过7年的努力，OSIRIS-REx任务即将成行。

第六章
暗小行星之谜

听到迈克的消息，我突然感到头晕、有种轻飘飘的感觉。经历了多年的挑战、压力和坚持，我们终于成功了！这个梦想曾感觉是那么遥不可及，我几乎不敢相信这是真的。

迈克把电话递给了希瑟。“我们成功了！”她尖叫道，“所有那些漫长的日子终于有了回报！现在，我们真的要开始建造这个东西了。”

她的话就像一股电流迅速传遍我全身，让我突然感到一阵恐慌。

“天哪！”我脱口而出，“我们得建造一个小行星探测器了。”尽管经过了7年的努力，真正执行任务仍然感觉像是理论上的事情，充满了不确定性。现在，任务已经确定，伴随这份责任而来的巨大压力开始袭来。

另一个恐慌的念头袭来：迈克能应付得了吗？

那时我们不知道的是，在最后一次飞往华盛顿特区的红眼航班[1]上，当西南部的夜晚迎来东海岸的早晨时，迈克因肺炎而虚弱的左肺已经萎缩了。我们向NASA做最后陈述时，他的胸腔里已经开始积液，这些液体在他的心脏周围形成一道“护城河”，在接下来的几个月里变得越来越浓稠，使他越来越难以进食、活动和呼吸。到了9月，医生发现他的心包已经硬化，唯一的选择是做手术移除它。

迈克发了一封乐观的电子邮件，说他预计会顺利恢复，并将在大约一个月后重返工作，同时解释说在这段时间里，我将再次担任首席研究员。尽管他表现得很乐观，我的心情仍然很沉重。我查过这个手术的存活率，迈克通过这个手术恢复的概率只有25%。看到这个数字时，我的眼睛模糊了，情绪在恐慌、愤怒、恐惧之间不断波动。

在手术前一天，我去医院看望迈克。他被一堆往期的《科学》杂志包围着，面带乐观的微笑，脸上没有任何痛苦或忧虑的迹象。我没有坐在角落里那把冰冷的塑料椅子上，而是靠在床边的墙上。我知道应该聊些家常闲话来缓解气氛，但我做不到，我迫切地想谈及那个显而易见而又难以启齿的事实：他可能挺不过去了，而如果他真的没挺过来，我不确定自己——或这项任务——在没有他的情况下该如何继续下去。

我尽量小心翼翼地提到了那个价值数十亿美元的问题。“我

1　指在深夜至凌晨时段运行，于翌日清晨至早上抵达目的地，飞行时间少于正常 8 小时睡眠需求的客运航班。——编者注

们需要谈谈你的手术对任务意味着什么，”我开口说道，“从航天器项目的角度来看，这是一项红色风险。”在NASA的行话中，红色风险是任务可能面临的最严重的挑战，需要外部协助。“我们是否考虑过任何风险缓解策略？”

迈克微笑着。“但丁，”他温柔地说，“你就是风险缓解者。”

如果我希望通过专业术语或科学行话来掩饰自己的情感，我的导师已经识破了我的伎俩。我的喉咙紧缩，手指颤抖。想象着失去可靠朋友的未来，这种痛苦如雷鸣般在我胸中咆哮。

“这可不是我们当初的约定，”我半开玩笑地说，任由眼泪顺着脸颊流下来，“我的注意力应该放在研究上，还记得吗？我是科学家、实验室人员、宇宙化学家。但对项目整体的运筹帷幄，我真的不知道自己能否做到。”

直到最后，OSIRIS-REx的首席研究员依然坚定、平静、无比自信。“这是你的任务。”他告诉我，他知道我会理解这简短字词中包含的所有爱、信任和骄傲。

迈克最终确实挺过了手术，但预后并不乐观。医生说他还能活几个月，不过很可能得在医院里度过这些时光。但就在几周后，在马里兰州戈达德太空飞行中心的一次会议中，我的手机响了。是迈克的妻子盖尔打来的。

“如果你想跟他说再见，你需要立刻赶到医院。”她抽泣道。

“我赶不过去，”我无助地低声说，“我在2 000英里之外。”

迈克于2011年9月21日去世，在行星科学领域和我的生活中留下了无法填补的空缺。然而，任务中的空缺必须被填补——

无论这看起来多么困难。迈克离开后，我成了NASA唯一依赖的人，肩负起确保任务成功的重担。

✦✦✦

每个航天器任务都至少有一个令人恐惧的时刻。对大多数任务来说，那是进入轨道或着陆的时刻。对OSIRIS-REx来说，这个时刻将是我们的航天器“亲吻”小行星表面并采集样本的5秒钟。

在迈克去世后，我深陷悲伤和绝望之中，那5秒钟几乎占据了我所有的思绪。

“这很简单！”我们在提案中夸口道。“一切都移动得很慢！基本上没有风险！”我们这样暗示着，试图说服自己和评审委员会。提案中充满了自信和勇气。

但在提案中推销一个概念与实际建造一个航天器相去甚远。这个任务就像马拉松，被选中只是刚刚开始。接下来的任务阶段被称为B阶段，带来了数百万美元的资助。数百人加入了我们的团队，其中大多数是渴望解决这一伟大任务挑战的年轻工程师。我们的重点转向下一个里程碑——“确认评审”，这将在2013年进行。我们有两年的时间向NASA的管理者及其顾问证明我们的设计足够稳固，以得到数亿美元的资助，用于建造、测试和发射航天器。

随着我正式成为首席研究员，我必须把注意力转向组建任务团队，最终会发展到500人以上。首要任务是任命一位副首席研究员（Deputy PI），该职位曾经由我担任。在寻找新搭档之前，我仔细考虑了我希望与之共事的人的类型。失去迈克的痛苦仍然萦绕在我心头。我知道他在我的生活中无可替代，但我需要一个可以依靠、可以信任的人。虽然我当时可能并不完全清楚这一点，但我在寻找一位新导师，并希望在任务结束后仍能称之为朋友的人。

我找到了完美的搭档——埃德·贝肖尔（Ed Beshore）。埃德自称“废品堆天文学家”[1]，最初以软件工程师的身份谋生，现在是LPL的一名研究科学家。他比我大10岁，在20世纪70年代，他收拾好所有家当，从内布拉斯加州的玉米田搬到了粗犷的图森沙漠，以追寻他的航天梦想。当时，埃德是卡特林那巡天计划的首席研究员，那是世界上最有成果的小行星调查项目。埃德是个自学成才的人，凭借对天文学的热情，他给项目带来了完美的技能组合，能够很好地补充和支持团队的需求。除了令人印象深刻的履历，他那不断探索和创新的精神、远大的抱负和开朗的性格也深深吸引了我。我们一拍即合，当我把他纳入团队时，失去迈克的痛苦也稍微减轻了些。

埃德给我的第一条建议是找一位成像科学家。

---

1 这个称呼带有自嘲的意味，通常用来形容那些用非传统方式或有限资源进行天文学研究的人。它可能暗示这个人使用简单、廉价或自制的设备进行天文观察和研究，或靠自己的努力和创造力而非昂贵的高科技设备取得成果。埃德·贝肖尔的称呼可能表达了他以独特和创新的方式追求天文学的热情，以及他在资源有限的情况下取得的成就。

“相机是我们在外太空的眼睛，”他说，“我们需要有人全面负责它们生成的每一条数据。深空成像并不像用iPhone拍照。太空会对相机的探测器芯片造成严重破坏，缺乏大气层意味着光线会从多个表面反射，造成眩光和耀斑，而且1999 RQ36是太阳系中最暗的天体。在我们把目光投向目标之前，合适的人选就可以解决所有这些问题。”

他知道自己在说什么。他曾参与过先驱者10号（Pioneer 10）的任务，这是NASA最早的外行星任务。埃德帮助人类首次看到了木星的景象，这是一个艰苦且费时的苦差事，需要将单像素相机扫描这颗巨行星表面所获得的数据逐行排列，几个小时后才构建出完整的图像。认识到他建言的价值后，我开始寻找下一个适合我们团队的人选。

事情发展得很顺利，仿佛命运安排一般。当丹妮回到图森，帮助她的母亲和陷于法律纠纷的弟弟时，这一巧合给了我一个找到她并让她加入我们团队的机会。这位曾经在NASA空间计划中接受我指导的学生，曾在格陵兰岛研究冰川动力学，完成了她的计算物理学硕士学位。受她早期参与OSIRIS任务的工作启发，丹妮正在制订一个计划，准备在木星的冰冷卫星欧罗巴上部署第一个地震仪。我们估计，欧罗巴可能拥有一个孕育外星生命的深层地下海洋。

我非常高兴丹妮加入OSIRIS-REx团队。她需要一份工作，而我需要一名成像科学家。对一个二十几岁的人来说，这个职位责任重大，但我对年轻人被低估的情况有所了解。许多年长的成员抗议，认为她太缺乏经验，但我还是坚持任命了她，我确信这个多才多艺的人能够胜任这项工作。我们很快恢复了以往的默契。像兄妹一样，我们在科学上互相较量，但始终信任彼此、互相照应。

可以说，在我们选定1999 RQ36时，它是历史上研究得最多、了解得最多的小行星。然而，当我们开始设计将带我们往返的小行星探测器时，任务逐渐显现出它的本质——为一次从未有人经历过的冒险做准备，前往一个从未有人真正见过的地方。随着工程师们的问题不断涌来，我意识到，尽管我们拥有前所未有的天文数据集，但对小行星环境的无知程度依然非常深。对未知的恐惧可能会很快压垮团队的士气。在面对那些迫在眉睫的工程挑战之前，我们需要取得一次快速的胜利来提振士气。

有一个不确定的问题可以很快解决。那就是我们需要给这颗小行星起一个真实的地名，而不是一个冷冰冰、没有灵魂的编号。它需要一个名字。所以，在行星学会的帮助下，我们发起了一场全球性的“给小行星命名”竞赛，试图让公众参与到这项任务中来，并为这块太空岩石起一个更容易记住的名字。这场竞赛面向全球所有学龄儿童开放。

超过8 000名学生提交了参赛作品。我们从一堆希腊神祇、北欧矮人和印度战士的名字中进行筛选。有个孩子建议叫它卡尔－艾尔（Kal–El）：外表是克拉克 · 肯特（Clark Kent），内心是超人。[1]另一个孩子推荐了“伏地魔”。有一段时间，我极力主张

1　Kal–El 是美国 DC 漫画中超人（Superman）在其母星氪星（Krypton）上的名字，Clark Kent 是超人在地球上的人类身份的化名。

使用“拉玛”（Rama），以此向传奇科幻作家亚瑟·C.克拉克及其振奋人心的作品《与拉玛会合》致敬。

最终的获奖者是一个来自北卡罗来纳州的8岁男孩，他说我们的探测器采样臂和太阳能板让他想起了埃及神话中的贝努（Bennu），一位埃及神灵，经常被描绘成灰鹭。贝努是埃及人眼中的凤凰，象征着生命、死亡和重生，就像小行星一样。此外，古埃及人也常常用贝努来代表奥西里斯（Osiris）的神性。这真是一个完美的名字。有了这个名字，我们就有了一些确定性：我们将前往贝努！

当然，我们到达那里会发现什么，仍然是个谜。作为一个狂热的背包客，我把工程上的难题看作为新冒险打包行李，尽管这次将前往的是一个未知的奇幻世界。我需要带雪地靴还是泳裤？是携带一个先进的GPS装置，还是一张简单的地图就够了？我应该多带些东西以防万一，还是尽量只带必备物品？这样的做法会导致负重过大，最终可能会导致旅行中断。也许更加灵活的方式才是更明智的选择。

显然，我们需要一本旅游指南。我给卡尔·赫根罗瑟和他的天文学团队布置了一项重要任务：综合整理我们对贝努的所有了解。从早期的目标选择阶段起，卡尔和我就一直并肩工作，细化完善我们对贝努的认识。我们还因对20世纪70年代经典摇滚乐队［如皇后乐队（Queen）和齐柏林飞艇乐队（Led Zeppelin）］的共同热爱而建立了深厚友谊。我们现在都成了孩子的父亲，午餐时间会交流各自家庭玩《龙与地下城》游戏的故事。总之，我非常信任他。

卡尔阅读完工程需求列表，迅速将其分为三类：可行的、可建模的和只能靠运气的。可行的类别中包括小行星的大小、形状、自转、光谱特性及其绕太阳的轨道。可建模的类别中包括小行星的质量、密度、热属性以及是否存在任何尘埃或类似彗星的活动。只能靠运气的类别包括所有关键的表面特征，如强度、粒径和可压缩性或“多孔性”。

“你想让我们怎么处理表面问题？”他谨慎地问道，“有些东西根本无法用望远镜测量。”

“Itokawa（糸川）。”我回答道。

卡尔点了点头，他理解这个词的意义。

人类首次尝试到达小行星，跟一个世纪前竞相到达南极点的探险没有什么不同。这些探险挑战了机械耐力和人类探索能力的极限。这样的类比只能带来些许安慰；毕竟，当年很多人在南极洲的冰原上孤独而痛苦地死去，而我们当前的任务也可能面临类似的危险和挑战。

但就像罗尔德·阿蒙森首次到达南极点的探险一样，OSIRIS-REx任务也拥有前辈们的优势，所有之前执行过尖端太空任务的团队都为我们积累了宝贵的经验，而没有哪个比隼鸟号（Hayabusa）任务更能提供经验和借鉴——这是世界上第一个小行星样本返回任务，隼鸟号登陆了小行星糸川。

在任务选定的前几年，我们怀着极大的兴趣，观察了日本航天局（JAXA）的同事们花了数月时间尝试采集糸川这颗花生形状的近地小行星的碎片。但一次次的失败——先是软件问题，然后是导航系统故障，接着是燃料箱破裂——阻碍了他们的进展。2005年12月，隼鸟号在糸川上坠毁，团队与航天器失去联系超过一个月。

然而，JAXA奇迹般地恢复了通信。他们希望隼鸟号在坠毁后沿着表面翻滚时，一些小行星颗粒能进入样本容器。迅速密封返回舱后，他们开始了艰巨的任务，即修复航天器并将其带回地球。

2010年6月13日，隼鸟号的返回舱通过降落伞降落在澳大利亚内陆的一片荒地上。几个月后，JAXA确认样本容器中确实有数千个微小的小行星颗粒，但总量不到1毫克。这个小样本对行星科学和我们的任务来说都极具价值。这些英雄事迹不是被拍成一部电影，而是被拍成三部电影加以颂扬。隼鸟号成为日本版的阿波罗13号。

当希瑟得知隼鸟号的电影时，她的眼睛亮了起来。她不仅是一个顶尖级的管理者，还像是我们任务的“妈妈”，为我们的科学工作注入人文关怀和团队精神。每年圣诞节，她都会通过救世军[1]扶助一个家庭，我们的办公室圣诞派对则变成包礼物的活动，充满了节日的氛围。她察觉到团队需要再次提振士气，于是宣

1 救世军（Salvation Army）是一个国际性的教会及慈善组织，成立于19世纪中期，总部位于英国伦敦。它的宗旨是通过提供社会服务和人道主义援助来帮助有需要的人。

布："OSIRIS-REx电影之夜！"[1]

在一个夏末的傍晚，我们全体人员聚集在最近更名的迈克·J.德雷克大楼（现在是我们在图森的任务总部），该大楼位于亚利桑那大学校园西北部的一个工业区里。

希瑟和我尽一切努力将这个地方打造成一个电影院，甚至打印了仿真门票。团队成员到达时，发现礼堂里布置了榻榻米和沙发，空气中弥漫着爆米花的香味。我们还设置了一个热狗摊、一个玛格丽塔鸡尾酒机和一张摆满经典影院糖果的折叠桌。

当大家都拿好零食并坐定后，我调暗了灯光，开始播放电影。在接下来的两个小时里，我们坐在那儿，怀着紧张而又心照不宣的沉默观赏日本大片《隼鸟号：漫长的归途》，它向我们展示了未来冒险的一种可能。

1　即组织团队一起观看与隼鸟号任务相关的电影，以此来激励团队，提升士气。

第七章
三大挑战

任务安排就绪后，团队的天文学家小组（由来自世界各地的20多名科学家组成）开始忙碌起来，尽力量化工程师们设计航天器所需的数据。一开始简直是一团混乱。成员们直接互相发送电子邮件，交错的信息和冲突的指令激化了紧张的局势。当我的收件箱填满了来自工程师和天文学家们的抱怨邮件时，我试图在混乱中采取一些办法，帮助团队更好地理解和处理当前的任务，就像绘制一张地图时需要图例来解释和指引一样。按照我的习惯，我写下了3个词：

1. Deliverability（可交付性）——我们可以把航天器放在哪里，以及我们能多准确地把它放置在那里？

2. Safety（安全性）——我们需要做些什么来确保航天器的安全？

3. Sampleability（采样能力）——贝努的表面由什么构成，

以及我们如何能够采集到样本？

通过这3个关键词，我们开始梳理和明确任务的重点，逐步将混乱转化为有序。

挑战一：可交付性

在之后的会议上，我把“可交付性”作为首要议题，这是导航工程师们最关心的话题。

“正如你们所知，”我开始说道，“将探测器降落到贝努表面是我们最具挑战性的任务之一。探测器要在表面的哪个位置着陆？最重要的是，我们需要什么样的导航系统才能把它送到那里？”

“对极了，”后排的一位工程师嘟囔道，“这可是价值数百万美元的决定。”

我快速瞥了他一眼，表示理解，然后理了一下头发。

“你们听到了，这件事关系重大。我们的主要目标是在最佳光照条件下收集关键数据，以便选择采样地点。不幸的是，”我继续说道，“在大部分时间里，OSIRIS-REx将处于我们所谓的‘安全返回轨道’（safe-home orbit），那里的光照条件很差。这个轨道从定义上来说是最稳定的配置。由于贝努的重力很小，阳光对探测器的压力相当显著，就像风暴中的船只一样摇摆不定。‘安全返回轨道’通过沿着昼夜交界线（也就是‘晨昏线’）平衡了重力和阳光。探测器几乎可以在这个轨道上无限期地停留，即使长时间与地球失去联系也没问题。

"'安全返回轨道'的唯一缺点，"我详细解释道，"是从这个角度看，我们处于黎明和黄昏时分，光线昏暗，阴影很长。我们将在探险过程中不时离开这个轨道。然而，这些离轨行动将是短暂的，我们会在地面上分析数据时返回轨道。

"进入这样的轨道需要了解小行星的质量。到目前为止，这些信息还不可能用望远镜测量出来。"

我停顿了一下，让紧张的气氛加剧，然后宣布了一个好消息。

"然而，我们想到了一种方法来实现这一点。"

具体来说，我们识别出了贝努吸收阳光后产生的微小漂移，它会在一段时间内保留这些阳光，而后再以热量的形式重新释放出去。换句话说，我们破解了雅科夫斯基效应（Yarkovsky effect）的秘密。

雅科夫斯基效应是以一位19世纪的俄国工程师的名字命名的，他最早提出阳光会使小型岩石天体的轨道发生细微变化。虽然这个观点后来被广泛接受，但由于该效应的值极其微小，一直难以测量。通过雷达跟踪，我们发现，自1999年贝努被发现到2011年最新观测期间，它的轨道偏移了大约100英里。虽然这个距离听起来很大，但考虑到宇宙空间的广阔，这只是很小的偏移。贝努在被发现时距离地球140万英里，以这样的精确度追踪其位置，就像是在测量纽约和洛杉矶之间的距离时，误差不超过2英寸。这100英里的漂移，意味着该小行星在穿越太阳系时经历了减速过程。

雅科夫斯基预测，这种速度变化是由阳光加热小行星的表面引起的，随后小行星表面将这些能量以热量形式释放回太空。所以，我们需要测量从贝努辐射出来的热量，并为此预定了NASA大型轨道天文台计划中的斯皮策太空望远镜的使用时间。斯皮策太空望远镜可以探测到红外辐射，即小行星释放的热量。当光子离开贝努表面时，它们就像微小的加农炮一样，每一个都会产生反冲力。

此时，我们只需要应用牛顿第二运动定律：将该反冲力除以微小漂移的减速度，就可以确定贝努的质量。这是行星天文学的历史性成就——首次利用雅科夫斯基效应测量小行星的质量。这个结果对我们的任务设计师来说也是天赐之物，他们忙着为建立我们的安全返回轨道做准备。

接下来，工程师们想知道的是如何精确地将探测器送到贝努表面。我们是否需要一个精确的着陆点，还是整个表面都可以进行采样？"不幸的是，"我承认，"我们在天文学上没有一个完美的解决方案。但并非没有希望。实际上，我认为还是有理由保持乐观。对于这个挑战，我们对糸川的了解是无价的。"

虽然形状和成分不同，但这两颗小行星的大小相似。隼鸟号传回的糸川图像显示，尽管其表面大部分布满了巨石，但也有由直径仅几英寸的颗粒组成的细粒"海洋"。此外，探测器还带回了比相机能探测到的颗粒还要小数百倍的尘埃，证明存在可以采样的物质。

“如果有疑问，就参考糸川，”我说道，“我们将使用糸川上最广阔的风化层区域——大约50米宽——来定义我们目标区域的大小，并按照这个标准来设计OSIRIS-REx的采样任务。”

“按英制，这个数字是多少？”导航工程师问道。

“认真的吗？”我回应道，“在火星事件之后，你们还在用英制单位？”

我指的是火星气候探测器。十多年前，我再次看到一艘探测器直接撞向火星的岩石表面，而不是进入轨道。令人震惊的是，这艘耗资数百万美元的探测器因为一个简单的数学错误而惨遭损失。在构建导航系统时，为任务提供工程服务的洛克希德·马丁公司使用了英制单位，而喷气推进实验室的操作团队使用了公制单位。没有人进行单位转换。

“恐怕是这样。”他回答。

“那大约是160英尺。”我告诉他，脸上可能带着不悦的表情。我实在不喜欢使用这些单位。

“完美，”他说着便笑了，“为探测器在这么宽的着陆区制定引导策略应该没问题。”

从安全返回轨道到达小行星表面，我们需要三次点燃火箭发动机：第一次是离开轨道，称为“脱轨燃烧”；第二次是探测器开始向表面下降，称为“检查点”；第三次是在“匹配点”，这时探测器会与贝努的自转同步，基本上会悬停在采样点上方，利用微小的重力将其轻轻拉向表面进行接触。

在采样时，贝努将位于太阳系的另一边，距离超过2亿英里。我曾幻想能够用操纵杆控制探测器降落到表面，并按下按钮发射激光，但这个想法不得不放弃。我们的无线电信号需要18分钟才能到达贝努，再等18分钟才能收到回复。在采样过程中，OSIRIS-REx必须自行操作。

几周后，任务设计师们聚集在我办公室隔壁的会议室，汇报他们的提案。

“我们的原始想法，也就是概念研究中的计划，是提前规划好这3个动作，然后让探测器按顺序点火。”任务设计负责人告诉我一些我已经知道的事情。我们称之为“瞄准射击”[1]，并告诉NASA这既简单又安全。

“首先，有个坏消息，”他说，“在深入研究这个概念时，我们发现OSIRIS-REx将会受到数十种微小力量的干扰。我们了解太阳辐射压力，即阳光从探测器表面反射时产生的力，但实际上还有很多其他因素需要担忧。由于贝努的引力非常小，其他因素也会影响探测器的轨道。”

他开始列举这些因素。

“贝努不是一个球形天体。它的赤道有一个隆起，这意味着我们绕轨道运行时，引力场会发生变化。

“不仅如此，它的表面会反射阳光，这些阳光从下方照射到探测器上，将我们推离小行星。

1　这是一种比喻，类似于拍照时的“即指即拍”，意思是只需要瞄准目标，然后按下快门，就能完成操作。这里指的是提前规划好每个步骤，然后让探测器按顺序执行，像“瞄准射击”一样简单。

“相对于太空，贝努和OSIRIS-REx都是热的。它们都会释放热量，对探测器施加力，改变我们的轨道，就像来自两个方向的小型雅科夫斯基效应一样。

“最后，太阳和行星，特别是木星和地球的引力场的细微变化，也会影响探测器的最终位置。

“好消息是，”他总结道，“冥王星不会影响我们。”[1]

我呆呆地盯着他一会儿，然后问道：“重点是什么？”

“‘瞄准射击’行不通。”他说得平淡无奇，“我们根本不知道探测器离开轨道后会在哪里。我们可能会在小行星的另一侧。我们需要给探测器添加一个导航系统，一个自动驾驶仪来引导它降落到表面。”

探测器需要变得更智能。

从那时起，OSIRIS-REx需要一种方法来确定脱轨燃烧后的具体位置。着陆位置的大部分不确定性都与该动作的方式、时间和地点有关。鉴于较大的导航要求，我们需要编写一个简单的机载算法，使用激光高度计的信息。这个设备基本上就是一个激光指示器，用来测量单次激光从贝努反射并返回探测器的时间。由于我们知道光速，因此可以计算出探测器与表面之间的距离。

“总而言之，”他总结道，“我们想和贝努玩一场激光枪战游戏。”

1　任务设计师的意思是，虽然有很多因素会影响探测器的轨道，但冥王星的影响几乎可以忽略，这在复杂的任务设计中算是一个好消息。

挑战二：安全性

我们现在已经有了引导OSIRIS-REx探测器降落到表面的方法，还需要确保它在靠近小行星时的安全，尤其是在采集样本时。在之后的会议上，我们讨论了关于贝努周围环境的系列问题。在安全问题中最重要的是可能存在的颗粒物（无论是轨道上的还是作为抛射物），可能会撞击探测器，损坏它或摧毁关键的硬件。

卡尔指出，抛射物确实有可能存在。他提到法厄同（Phaethon），一颗近地小行星，它会释放出颗粒物，其中一些每年都会进入地球大气层，产生双子座流星雨。

法厄同是一颗B型小行星，就像贝努一样。它属于“活跃小行星”，表现出类似彗星的活动，这本来是非常有趣的科学现象。但从工程角度看，这种“岩石彗星”显得有些威胁。

“但贝努的轨道非常不同，”卡尔安慰我说，“法厄同是一颗日掠星，意味着它在轨道上会深入太阳系内部，比水星离太阳距离的1/3还要近一些，然后再回到外侧，与地球轨道交叉。”

卡尔的信心，加上斯皮策太空望远镜的观测结果（没有在贝努周围检测到任何尘埃），缓解了一些关于探测器可能遇到的空间碎片的担忧。

“不过……”我停顿了一下，“法厄同和贝努的相似之处还是让我有些紧张。我们需要在前往贝努的途中搜索卫星和尘埃羽状物。开始制订一个接近阶段的观测计划。一旦发现任何危险迹象，我们可以及时刹车，重新规划路线。”

在确保着陆区域没有危险后，我们还需要识别贝努表面可能存在的绊倒障碍。凭借我们辛苦测量到的贝努质量、形状和自转方面的数据，我们制作了一张地形图，显示了小行星上所有的陡坡、山顶和谷底，精度达到雷达波束的尺度（大约25英尺），其大小恰好是我们目标区域的15%。

根据我们的新地图，采集样本的理想地点是谷底，因为那里是松散沉积物堆积的地方。在贝努，由于微重力环境的影响，最长的谷地是一条横跨整个赤道的带状区域。就像嘉年华里的旋转木马一样，贝努的自转几乎抵消了这个区域的重力，这意味着松散的物质应该从北极和南极滑下来并堆积在那里。如果我们的预测正确，那就有一条环绕小行星的长达1英里的跑道，等待我们的探测器飞过去抓取样本。

“最后一个安全考虑因素是温度，”我告诉工程师们，“我们必须担心探测器过热。贝努的表面非常黑，比沥青还要黑。”贝努的一天只有4.3小时，它在这短短时间内经历了200摄氏度的剧烈温度变化。如此快速的热循环对探测器最敏感的设备构成了巨大的工程挑战。

“我们不能在表面停留太久。这样做会导致探测器过热，然后又快速冷却。我们需要迅速行动，抓取样本后立即撤离。借用航母飞行员的一句行话，我们要执行‘触地即走’（Touch and Go），简称TAG。”

“所以，我们不仅要和贝努玩激光枪战，”我告诉他们，“我们要玩激光TAG！”

挑战三：采样能力

“还有最后一章需要写进我们的指南，”当工程师们再次聚集时，我说道，“目前，我们已经清楚可以在贝努的哪里进行‘触地即走’（TAG），同时确保OSIRIS-REx的安全。现在，我们需要弄清楚贝努表面的构成，以及如何在5秒钟内将一些表面物质收集到样本容器中。”简而言之，我们需要知道贝努表面岩石的大小。

“雷达数据给了我们一些提示，表明其表面光滑，颗粒大小明显小于我们在糸川上看到的。然而，我们不能仅依赖一种技术。幸运的是，这一解释得到了热红外数据以及天文学团队出色工作的支持。”

想象一个沙滩。早晨时，无论是沙子还是附近的岩石都很凉爽。随着太阳的升起，沙子会迅速升温。如果你没带拖鞋，就得赶紧跑，以免烫脚。而岩石则升温缓慢。避免烫脚的好策略是跳到岩石上，一步步跳到安全的地方，最好还能找到一瓶冰镇啤酒。

日落后，当你再出去时，沙子已经变得凉爽。但当你坐在岩石上时，岩石还在散发这一天吸收的热量。沙子的升温和冷却非常快，具有低热惯性，这意味着它对温度变化的抵抗力不强。而岩石的升温和冷却要慢得多，具有高热惯性，抵抗温度变化的能力强。

“斯皮策太空望远镜的数据为我们提供了有关贝努温度变

化的一些宝贵信息，这些信息直接与表面颗粒的大小有关，”我解释道，“很明显，贝努具有低热惯性，这意味着其表面很可能覆盖着类似细沙的颗粒，特别是在赤道附近。”听到这里，我看到一些人点头表示同意和期待的神情，采集贝努样本应该很容易！

“为了使论点更有力，我们还有糸川的热数据。糸川具有更高的热惯性，升温和冷却速度比贝努慢。这正是我们根据其富含岩石的表面所预期的结果。”

我停顿下来，看有没有工程师提出问题，然后准备发布最后的指令。

“我们将在贝努沙滩上玩一场激光TAG。收拾好行李，准备迎接你们一生中最精彩的假期吧！”[1]

所有这些会议和数据都促成了OSIRIS-REx探测器的明星设计——触地即走采样装置（Touch-and-Go Sample-Acquisition Mechanism，简称TAGSAM）。这个类似于长鼻子的仪器将决定我们任务中最惊险时刻的最终表现。

TAGSAM的设计有两个主要组件：一个机械臂和一个连接在机械臂上的头部。机械臂负责将头部定位进行采集，而头部则像一个反向真空吸尘器。与真空吸尘器通过创造低压区域吸入空气和灰尘不同，TAGSAM的头部会向贝努表面喷射气体，搅动

---

1 这是一种幽默和鼓舞士气的表达方式。尽管这是一次科学任务，作者把它比作一次令人兴奋的假期，鼓励团队成员以积极和兴奋的心态迎接这次任务。

尘埃颗粒并将其收集起来。由于贝努没有大气层，我们必须自己携带气体来辅助采样。

机械臂上安装了3个高压氮气瓶，氮气是一种化学惰性气体，不会改变样本的化学性质。一旦我们接触到小行星表面，其中一瓶氮气就会打开，释放出一股气流，在采样器头部下方形成一个高压气泡。这个气泡会向上膨胀，像吹叶机一样将岩石和尘埃推入头部，头部实际上是一个空气过滤器，类似老式汽车化油器顶部安装的过滤器。然后，机械臂会将头部置于摄像机前，如果我们看到足够多的样本，就会将头部锁进返回舱，就像滑雪靴卡入滑雪板一样，并将头部与机械臂分离。带有隔热罩的返回舱看起来像是一个迷你版的宇航员返回舱，会像蛤壳一样关闭。我们向NASA承诺，将从贝努表面带回大约2盎司的风化层样本到地球。

贝努相对较小，但它仍然对其表面的岩石和尘埃产生微小的引力。我们所有的测试都是在地球表面进行的。在不知道这种引力的确切影响的情况下，很难预测小行星表面在与TAGSAM接触时会有什么反应——不同的引力会不会改变最终进入样本容器的样本量？较大的岩石会不会被抛起并撞击我们的探测器？

为了解答这些问题，我们需要在一个尽可能接近贝努环境的地方模拟采样操作。为此，我们预定了一周的“呕吐彗星”[1]

1　“呕吐彗星”是一架用于模拟失重环境的飞机，通过抛物线飞行创造短暂的失重状态。

飞行体验。

✦✦✦

自1957年以来，NASA的微重力计划一直利用飞机为宇航员、研究人员和电影导演提供在地球上最接近零重力的体验。为了我们的测试，这种效果是通过让一架C-9飞机在天空中划出巨大的抛物线来实现的，就像在过山车上爬过第一个大坡和经历第一次大俯冲的感觉。在坡顶附近，大约有20秒的时间，飞机里的一切都会变得失重。当然，在重新上升的过程中，飞机上的任何物体或人都必须以两倍于正常地球表面重力的加速度，经历与失重时间相等的超重状态，来“偿还”那20秒的失重。当飞机到达最低点后并开始再次上升时，就会经历这样的超重状态。每次飞行都会经历一系列这样的“抛物线”，每一个抛物线都为研究微重力的影响提供了机会。毫不意外，在这些长达数小时的飞行中，人们会感到非常不适，因此得名“呕吐彗星”。

2012年10月，我飞往休斯敦，与来自洛克希德·马丁公司和NASA的同事会合，在微重力环境下测试TAGSAM。比尔·博因顿和我同行。比尔现在是我的任务仪器科学家，也是我的关键顾问。他的经验非常丰富，可以追溯到19年前我刚到圣路易斯时失踪的那颗厄运缠身的火星观察者号轨道器。因为他总是热衷于冒险，我知道比尔会享受这次特别的飞行。

当我们驶入机场时，一架KC-135飞机映入眼帘，它仿佛在起飞的瞬间被定格。这架飞机更为人所知的名字是“微重力奇迹”，在1995年退役前，它曾飞行超过58 000次抛物线。现在，它永久地陈列在埃灵顿机场，作为对那些在我们之前探索微重力的先驱的纪念。

比尔和我停下来，在微重力办公室的标志前彼此拍照留念，标志上有一个被红色抛物线环抱的“呕吐彗星”图像。然后前往993号机库，我们的实验设备正装在巨大的木箱里等着我们。

我们的计划是进行5次飞行，第一天一次，之后每天两次。每次飞行我们会进行5次测试，总共25次。

我们把设备搬到隔壁的机库。“呕吐彗星”占据了整个空间，白色的机身上印有NASA的标志。我沉浸其中，感慨这次机会的难得，意识到自己能够参与其中是多么幸运。

我们将5个测试舱装入飞机。每个测试舱都是一个方形金属盒子，两侧装有观察窗。每个舱的顶部都悬挂着一个TAGSAM采样头的复制品，连接在一个短活塞上，该活塞在每次实验中会将采样器推入风化层。每个舱的侧面连接一根管子，通向飞机侧面的一个通风口，以降低舱内的气压，使其与飞机外部的气压相匹配。这并不完全是太空的真空状态，但在气压只有地球表面25%的情况下，可以让我们了解在气压下降时TAGSAM采样机制的表现。管道将氮气瓶连接到每个采样头上，阀门自动打开，当采集器接触到表面时，气体会被导入风化层，然后向上进入TAGSAM采样头。

把一桶砾石倒入测试舱后，我忙着拧紧螺丝，以隔离实验舱

在“呕吐彗星”上测试TAGSAM（NASA供图）

和飞机内部。我们最不希望的就是砾石在飞机里自由移动。安全简报中最让我印象深刻的一条就是“不要让任何东西松动”。飞行物体在微重力窗口中神秘地出现，可能会在飞机行经每次抛物线的底部转弯时，突然掉下来砸到某人的头上。

实验准备就绪后，我们聚在一起做最后的简报，讨论有关后勤、飞行条件以及我们的计划流程。我们的测试条件非常苛刻，比大多数NASA的乘客要求更严格。搭载“呕吐彗星”的大多数研究人员都是来研究零重力效应的，理想情况下没有任何加速度。然而，飞机飞行时会颠簸，当飞行员达到零重力条件时，会产生微小的振动，导致正负加速度。这意味着即使在没有释放任何气体的测试中，TAGSAM也会因为负加速度的作用将物质推入过滤器中，从而采集到样本。

为了使我们的测试顺利进行，我们需要尽可能小的重力加速度，且没有任何负加速度。飞行员同意将目标加速度设定为50毫重力加速度，振动会根据大气条件增加或减少大约20毫重力加速度。计划是每次测试进行一系列共15个抛物线飞行，每次抛物线飞行大约持续20秒。飞行员会先进行两次抛物线飞行测试，以确保我们的加速要求得到满足，然后在第三次抛物线飞行中启动TAGSAM。

我对这个测试计划暗自高兴。因为每三次抛物线飞行中有两次是测试运行，这意味着在此期间我可以随心所欲地做任何事情。一想到在每次飞行中可以进行10次失重游戏，我就无比兴奋。

当每个人都确认准备就绪后，我们前往医疗办公室，一位随行的NASA飞行外科医生给我们每人注射了一剂抗晕药。“如果晕车药像水枪一样，”他说着，举起针头，“这个就是突击步枪。”我没有问任何问题，只是转过头去，让他注射药物。

该登机时，我们在飞机后部的几排标准航空公司乘客座位上坐好，准备起降。飞机朝墨西哥湾方向飞去，进入专门用于试飞的空域，我看着天空从灰色变成白色，再变成蓝色。飞机起飞后，飞行指挥员走过来拉下窗帘。“在我们进行抛物线飞行时，你可别往外看。那是直奔呕吐的捷径。而且我已经看过足够多的关于微重力状态下呕吐物行为的实验了。”他一本正经地说着。随着他宣布：“第一个抛物线要来了！”他丰富的经验和友好的善意显露无遗。

我解开安全带，向飞机的开放区域走去。

然后我就开始漂浮了。这感觉就像在亚利桑那州一条空旷的高速公路上，以超高速驶过一个山顶时，你的胃在那一瞬间提到了胸口。只不过，这种感觉持续了下来。我的胃不停地往上顶。我发现自己身处飞机中央，没有任何墙壁、地板或天花板可以够到。一阵恐慌立刻涌上心头。我愚蠢地在半空中划动双手、做出狗刨式游泳的动作,但丝毫无法推动自己向一个稳定的表面靠近。我被困住了。

我用余光瞥见了那令人安心的NASA飞行服蓝色。飞行指挥员摇着头，抓住了我，把我引导到附近的一个扶手处。20秒后，我重新回到飞机的地板上，重力慢慢恢复了。

“别胡乱扑腾，”飞行指挥员在发动机的轰鸣声中说道，“那样没用，而且说实话，你看起来很傻。找一个好的起点，规划好你的轨迹。你可以一口气从飞机的前部飞到后部。确保有一个可以着陆的地方，并且远离实验设备。如果你愿意，在下一个抛物线飞行时我可以教你如何翻滚。”

“好的，请教我。”我羞愧地回应道，但从飞行指挥员眼中的闪光来看，我不是第一个在他飞机上乱扑腾的新手。

重力在不断增强，我感觉我们正在朝抛物线的底部行飞去。压力越来越大，我摆出了瑜伽里的儿童式姿势以应对这段强烈的拉扯感。20秒后，重力恢复正常。

飞行员的声音通过内部通话系统传来。“刚才几乎完美，”他喊道，“正好保持在50毫重力加速度的中心线上。”

在下一个抛物线上，我开始适应了。我观察着飞行指挥员，学会了如何做前滚翻。我飘浮着拍了几张自拍，然后把相机递给比尔，让他帮我拍些更好的照片。

但丁在微重力环境中飘浮（但丁·劳雷塔个人照片）

当我们进入第三个抛物线时，终于到了观察TAGSAM采样臂工作的时刻。我们拉下了覆盖在风化层床上的保护屏，该保护屏在前两个抛物线飞行期间用于保持岩石的位置不变。随着引力减退，我盯着那堆石头。它们纹丝不动——太好了！测试工程师启动了实验，采样臂缓缓下降到表面。接触时，一些岩石碎片翻飞而起，在慢动作中于空中盘旋，悬浮在砾石床的上方。我惊叹于它们在失重状态下的舞动，仿佛外太空中的雪花球。

瓶子启动了，我听到了氮气从采样臂底部喷出的滋滋声。细密网格状的空气过滤器扬起了一小团尘埃。采样臂的采样头略微陷入风化层，不到1英寸。我听到石块进入收集室的独特的哗啦声。5秒钟后，氮气耗尽，采样臂上升到舱顶。我检查了刚才在采样头下方的表面。砾石上有一个明显的小凹痕，这是TAGSAM采集到某种东西的明确迹象。

12个抛物线飞行和4次测试后，我们回到机库，急切地想看看我们的仪器表现如何。我们迅速开始拆卸测试舱，取出里面的采样装置。小心翼翼地把每个装置像抱新生婴儿一样搬到长桌上，桌子上铺着塑料布，以确保过滤器中的每一粒碎石都能被收集。我小心翼翼地跟在测试工程师后面，尽量不让我的急切情绪干扰到他们的精细操作。当最后一颗螺丝被取下时，我们屏住呼吸，他揭开了采样头的顶盖，那里满是黑色砾石。

我想象着那一天，11年后，当我可能凝视着类似的样本时，那些真正来自贝努的颗粒。

回到现实，我意识到还有一个重要的问题需要确认。

“我们收集了多少？”

当秤上的数字稳定下来时，我大声地读出那淡蓝色的数字：20盎司[1]。是我们向NASA承诺的10倍。

如果我们的实验有任何参考价值，那么TAGSAM在贝努上的表现将会非常完美。

1　1盎司等于28.35克，20盎司约为567克。

插曲

碳的苏醒

沉睡了5亿年后，地球上的碳原子苏醒了。这个原子一直被困在沥青球中，满足于这种永恒的存在状态。然而，现在环境正在发生变化，碳原子能感觉到这种变化。广泛的火山活动和频繁的小行星撞击为地球带来了新的能量，撕裂了沥青，释放出碳原子。

突然开始移动的碳原子找到了更多的碳和氮。它们结合成一个环，创造了一种地球上从未有过的分子——碱基——未来基因字母表中的第一个字母。这个欢快的环状结构在沸腾的液体中旋转、翻滚，带着一种新发现的自我意识振动着。其他碳环在旋转的液体中形成，创造出甜蜜的糖环。

碱基被糖分子所吸引，每当热液泉把它们结合到一起时，它们就会产生共鸣。但缺少一种元素，它们无法克服将它们分隔开的化学障碍。

然后，一个巨大的金属块冲破大气层，留下了炽热的铁烟尾迹。它在一颗原行星的核心中形成，将所有金属聚集在一起。随着岩石的爆炸，数百万块金属碎片如雨点般落入海洋中，缺失的元素——磷，出现了。

磷元素从金属块中解脱出来，欣喜若狂。它对环分子们说："加入我吧，我们一起，可以无限生长。"环分子们响应了这个呼唤，磷与氧结合，在每个糖环之间形成磷酸桥，将碱基暴露在外部的化学世界中，开启了基因密码的黎明。

这些桥可以无限链接，形成由数百万分子组成的核酸链。随着它们协同工作，实现自我组织、复制和进化时，地球上的碳原子复活了。那是一个纯粹的魔法时刻，是元素和能量的汇聚，塑造了未来亿万年的宇宙进程。

第八章

崛起与超越

2013年2月15日，这一天后来被称为“小行星星期五”。NASA请我花一天时间与世界各地的媒体讨论杜恩德（Duende），这是一颗当时被临时命名为2012 DA14的小行星。那天下午，也就是美国东部标准时间下午3点25分，杜恩德将以17 450英里每小时的速度掠过地球，距离低于气象卫星。这次事件为科学家们提供了近距离研究近地天体的机会，同时也是我们团队向公众宣传介绍OSIRIS-REx任务的好机会。

杜恩德到来的前一天，我坐在戈达德太空飞行中心的一个会议桌前，十几双紧张的眼睛盯着我。NASA的媒体专家似乎很担心我这个年轻的、涉世未深的科学家会在电视直播中出丑，给机构丢脸。我保持着镇定的微笑，尽量表现出自信，但内心的紧张肯定比他们还要强烈。我想起了20年前的自己，坐在餐馆外的露台上，眼睛睁得大大的，看着报纸上一则标题为“为NASA工作”的广告。如果当时的那个孩子能看到现在的我，准备在电视上代表NASA发言，那该多好啊。

在最初的几个小时里，我们回顾了小行星轨迹的基本情况：它将在美国东部时间下午3点左右掠过地球表面约20 000英里处，但仅能从东半球通过望远镜观测到。当杜恩德接近和离开我们的星球时，全球数百家天文台将把镜头对准它，生成数据供科学家们确定小行星的形状、成分和轨迹。如果我能解释得当，这次事件将成为为OSIRIS-REx任务进行媒体预热的绝佳机会，我已经准备好通过电波传达我们科学旅程的兴奋之情。

总之，我是这样想的；但当我们进入黑暗宽敞的电视演播室进行上镜练习时，很明显，我需要严格按照既定的谈话要点来，不大可能有自由发挥的余地。NASA媒体人员向我抛出练习问题时，我反复练习着我的回答，特别注意强调他们教给我的3个关键信息：

1. 这颗小行星不会撞击地球。

2. 我们是安全的。地球是安全的。我们的宇航员是安全的。我们的卫星是安全的。

3. 我很兴奋。这是小行星科学的一个伟大日子。

附言：如果有记者提出后续问题，附加信息是：

2012 DA14的飞掠预测证明了NASA对近地天体的理解以及预测未来小行星撞击的能力。

媒体培训师很明确：在任何情况下——无论记者或主持人问什么问题——我都不能偏离这个剧本。举个例子，我们回顾了一段比尔·克林顿总统否认与实习生发生关系的视频，他在采访中巧妙地避开了所有问题。在整个采访过程中，他只重复了他的3个关键信息，尽管面临的是一连串咄咄逼人、直截了当的问题。我必须保持同样的镇定，以避免引起任何关于小行星即将撞击地球的公众恐慌。

小行星星期五期间，但丁在镜头前回答记者的提问（NASA 供图）

那天晚上，我累到了极点，回到酒店倒头就睡，一夜无梦。凌晨4点的闹钟响起时，我本能地拿起手机查看邮件。一封主题为“俄罗斯发生大坠落”的邮件静静地躺在我的收件箱里，发件人是任务科学家和我的老朋友哈罗德·康诺利（Harold Connolly）。

“哈，”我对自己说，“真巧，小行星撞击地球的同一天，我正好要上电视谈论小行星。”

虽然令人惊讶，但从统计上看并非不可能。这样的坠落每隔几个月就会观察到一次，有些是单颗石头，另一些是科学家称之为“着陆椭圆”上的成千上万的碎片。当我开始准备时，我想到了我认识的那些陨石商人，他们此刻都在争先恐后地买去俄罗斯的机票。

我的直播从早上6点开始，我几乎立刻就感到事情有些不对劲。

坐在距离摄像机几英寸远的转椅上，我只能在镜头中看到自己的倒影，耳机里远处的记者提到“有小行星撞击地球”的事。

我有点儿困惑，但并没有动摇，我重复了我排练过的回答，关于地球、人类和我们卫星的安全，然后谈到NASA预测未来小行星撞击的能力。

但在接下来的采访中，我又听到了“撞击地球”这个令人不安的词句。

“小行星不会撞击地球的。”我重复道，但与我通话的记者坚持说已经发生了撞击。回想起昨天会议室里那些紧张的眼神，我的心跳加速——我是不是把事情搞砸了？

我不知道的是，在我向媒体保证那天不会有小行星撞击地球时，他们正在播放一段视频：一颗重达10 000吨的流星体在俄罗斯的车里雅宾斯克上空爆炸，闪耀的光芒比正午的太阳还要明亮，照亮了雪地。爆炸产生的冲击波强度如同核弹，导致建筑物倒塌和窗户破碎。当我还在喋喋不休地说着“我们都很安全，这是小行星科学的一个重要且令人激动的日子”时，已有超过1 500名俄罗斯人因爆炸受伤而被送往医院接受治疗。然而，这起突如其来的流星体撞击事件，与预计中的杜恩德小行星靠近地球的事件完全无关，这在人类历史上堪称最不可思议的宇宙巧合。

到早上9点，车里雅宾斯克撞击事件已经成为当天的头条新闻，NASA的媒体团队也完全掌握了情况，我们准备好应对了。接下来的12个小时里，我回答的问题都不是关于杜恩德和NASA无可挑剔的预测能力，而是关于车里雅宾斯克以及为什么我们没有事先发现那颗流星体的到来。

几周后，我受邀向国会和白宫简要汇报车里雅宾斯克事件和OSIRIS-REx任务的情况，自舒梅克-列维9号彗星撞击木星以来，他们突然更加关心小行星的问题了。我的汇报进行得很顺利，但毫无疑问，真正吸引眼球的是车里雅宾斯克陨石样本。在座的每个人都对这块小小的太空岩石充满了好奇。它那光亮的黑色熔岩表面，让他们深刻感受到小行星穿越地球大气层时释放的巨大能量。看到他们的热情，我留下了一块样本，打算作为亚利桑那大学送给美国总统的礼物。

然而，白宫的律师认为将这块俄罗斯的岩石送给总统太冒险了，于是把它退了回来。几周后，它被送达图森，奇怪的是，其质量仅约为原始样本的一半。

✦✦✦

在迈克去世两年后，我了解到首席研究员的工作有时也包含一些有趣的事情，比如上电视展现你的科学成就，或者跟一个非常兴奋的三年级学生和他爸爸进行视频会议，讨论他们刚刚命名的小行星。不过我也明白，作为首席研究员，通常意味着要做出艰难的决定和卷入政治斗争。

2013年夏天，我们在为第二年5月的任务确认审查做着疯狂的准备。尽管我们在两年前就被选中执行任务，但我们只被授权工作到那个里程碑阶段。这是NASA的安全阀，用来确保他们不会把钱浪费在注定失败的项目上。从技术上讲，我一直知道我们的任务有可能被取消——但当真的有人试图这么做时，我还是感到震惊。

要理解太空任务世界里的冲突,有必要了解幕后的权力斗争。尽管戈达德太空飞行中心（Goddard Space Flight Center）、喷气推进实验室（Jet Propulsion Lab）和约翰逊航天中心（Johnson Space Center）都隶属于NASA，但它们一直在为任务资金相互竞争。这种环境促使每个中心都在追求项目和资金方面开辟出自己的特定领域，比如喷气推进实验室历来主要执行行星任务，如星尘号和凤凰号。约翰逊航天中心则在天体材料领域占据了一席之地，从南极陨石到阿波罗月球样本，都由他们负责管理和分析。大多数时候，每个机构都各司其职。但是当迈克——以及与他一起的月球与行星实验室（LPL）——选择与专注于地球科学和天体物理学任务（如“陆地卫星”和“哈勃太空望远镜”）的戈达德太空飞行中心合作时，喷气推进实验室的领导层感到被冷落了。多年来，他们一直在向NASA推销小行星任务，而且长期以来一直享有亚利桑那大学的忠诚支持。由于戈达德中心在OSIRIS-REx任务中提供了任务管理，他们声称LPL已经换了队伍。

有趣的是，他们似乎忘记了迈克曾多次接触喷气推进实验室的领导层，讨论合作该任务的事宜。毕竟，这原本可以是与凤凰号火星探测器一样成功的合作。但喷气推进实验室的高级管理层拒绝了，选择支持来自阿肯色大学的一个团队。事实上，喷气推进实验室从他们的小行星任务中抛弃了洛克希德·马丁公司，这才推动了后者向亚利桑那大学寻求合作。戈达德中心则急于争取这一新的资金来源，因而热情地欢迎了我们。

就在我们进行审查之前，喷气推进实验室将有机会对我们的所谓"背叛"进行报复。在OSIRIS- REx迎来这个重要时刻的几个月前，奥巴马政府宣布计划发射一个机器人探测器来捕获一颗小行星，将其重新引导到月球轨道，并派遣宇航员去那里提取样本。他们将其称为小行星回收任务（Asteroid Retrieval Mission，ARM），并为此制作了一段酷炫的概念动画。

我们小行星科学界对这样的任务是否可行表示怀疑。这毫不奇怪，模型显示，找到符合ARM要求特征的小行星的可能性极小。这颗小行星需要比贝努小100倍左右，这将使其轨道和翻滚运动极其难以预测。这些不确定性意味着在发射前需要进行耗时且成本高昂的测试程序。尽管如此，喷气推进实验室还是迅速宣布了他们争取该项目资金的意图。

随着小行星重定向任务概念的迅速发展，最令我惊讶的是，NASA内部竟然没有人向OSIRIS-REx团队咨询对这个新项目的意见。毕竟，我们是唯一一个在过去10年里致力于寻找和确定太空任务目标小行星的团队。一切都显得太平静了，甚至有些反常。随着确认评审的临近，NASA总部的朋友和同事们开始偷偷给我们敲响警钟。

不止一人警告我们，“第九层”[1]正在考虑取消OSIRIS-REx任务，并用ARM任务取而代之。

喷气推进实验室声称，ARM是对总统倡议的直接回应，因此应该优先于OSIRIS-REx。此外，他们还表示，相比于OSIRIS-REx，他们能以更快、成本更低的方式完成任务，并能带回数吨小行星样本，而非我们只能带回的几盎司。即使是我也不得不承认，他们的大胆主张确实令人印象深刻。在我们准备回应时，迈克的缺席更加显现了他的重要性。我常常想，这些事情如果是迈克来应对，他会非常从容不迫。我仿佛能看到他向我挥手，“别担心这个，但丁，”他会说，“我会处理好的。”而他确实会处理好。

我们针对喷气推进实验室的无耻言论准备了反驳材料，详细描述了我们过去十年的历程。在七年的提案打磨之后，我们花了两年时间完善设计、确定审查并制定了细致的预算和管理计划，以实现我们的构想。我们对成本的精确控制，基于对决定我们探测器工具包中设备选择的未知因素所做的现实评估。

让我们领先的不仅仅是我们积累的专业知识。这些任务的时间表由地球和目标小行星的轨道决定，而我们比ARM领先了14年。即使他们使用现有的望远镜设备，找到合适目标的统计可能

1 “第九层”（the ninth floor）指的是NASA总部的一个重要决策层或高级管理层，通常是指那些拥有重要权力和影响力的高层领导或部门。

性也是微乎其微的。他们甚至不知道自己要去哪里，怎么能声称有任何可信的时间表呢?

我们的评审由NASA副局长罗伯特·莱特富特主持，这对我们来说是个好兆头；取消任务是件严肃的大事，副局长似乎不太可能下令取消。当我们向评审委员会（委员会包括每个NASA中心的主任以及总部人员）陈述我们的情况时，所有问题中有一个成了最重要的关注点，那就是我们的激光TAG机制。

他们以NASA特有的简洁方式列出了他们的顾虑。当主席宣读每个评审者的顾虑时，我的大脑因为恐惧而抽搐。

- 你们过于依赖以往对糸川小行星的研究成果，但你们无法确定贝努是否会与糸川相同。
- 你们的激光TAG导航精度高达小行星直径的10%，但你们没有考虑到小行星的曲率和表面粗糙度。
- 你们的激光供应商没有经过验证，他们从未向NASA交付过飞行硬件，而且他们的进度严重落后，有一长串技术问题需要解决。
- 你们的模拟不完整。
- 你们的导航员缺乏经验。
- 你们的结局会像隼鸟号那样。

最后这句话在我脑海中回响，这并不是第一次——当然也不会是最后一次——我陷入了有关那一恐怖时刻的白日梦，一场白日噩梦，真的。

在梦中，一切都从完美开始；OSIRIS-REx离开了它的安全基地（Safe-Home），在检查点（CheckPoint）和匹配点（Match-Point）点火，然后开始最后的下降。在某个控制中心，我收到了航天器正朝小行星前进的信号，然后……没有任何信号。无线电静默。我感到一阵恶心，16年的人生就这样奉献给一堆太空垃圾，化作刻着我们鲁莽行为的纪念碑，在数百万年的时间里永存。有时，这场白日梦以未来的景象结束，想象着500年后的学生们乘坐太空巴士，在一次实地考察中惊讶地盯着那堆凌乱的残骸。

突然，莱特富特的声音把我拉回了现实。他带着一丝微笑说道："NASA应对这种情况时总是会做好双重保险，以免在关键时刻出现意外。我们最不希望的就是在接触小行星的那一刻出现尴尬局面，也就是说，我们不想被打个措手不及。"

这个指示说起来容易做起来难：找到一个激光TAG的备用解决方案。

我们接受了他们的指示，并同意研究备选导航系统。在会议上，随着任务的其他要素逐一获得批准，我和团队成员们也渐渐放松下来。

会议结束时，我与戈达德和NASA总部的代表一起，在决策备忘录上签了字，这份文件允许我们进入下一个阶段，还附带了一张5亿美元的支票。在接下来的三年半时间里，我们将用这笔巨款来建造并发射终极的机器人小行星探测器。

当我低头盯着备忘录，仔细研究那3个人的签名时，我回想起我们最近克服的种种挑战：工程障碍、行业阴谋，以及在数百万观众面前天空突然爆炸的场景[1]。不觉间，我们在没有迈克的情况下完成了这一切。

“我们坚持下去了。”我心里想，这也是对迈克说的，无论他在哪里。

✦✦✦

参与太空任务的最好的事情之一就是成为国际社会的一员。在我们成功确认任务一年半后，我们齐聚在德雷克大厦为我们欧洲的朋友们加油助威，当时他们试图在彗星67P/丘留莫夫–格拉西缅科（67P/ Churyumov–Gerasimenko）上投放着陆器。

3个月前，即2014年8月，罗塞塔号探测器到达彗星并进入其轨道。最初拍摄到的图像震惊了所有人。与OSIRIS-REx任务一样，罗塞塔号的科学家们也根据他们对彗星的所有了解，建立了一个彗星模型，以指导他们的任务设计。他们原本预计彗星表面会很平滑，其形状由平缓的丘陵构成，这些丘陵优雅地从一道弧线延伸到下一个。然而，现实对着陆器操作来说却是一场噩梦。彗星表面高度不规则且异常崎岖，有两个不同的“叶”（lobe）由一个巨大的“颈部”分隔开来[2]。它看起来与他们预期的完全不同。

1　指的是某个重大危机。例如，车里雅宾斯克流星事件导致项目团队在公众和媒体面前承受了巨大压力。

2　就像一个哑铃。

我利用这个令人震惊的发现来唤醒我的团队。我们看了一份幻灯片文件，从罗塞塔号设想中的彗星开始，到粗糙而又美丽的67P彗星，接着是我们对贝努的最佳猜测，最后以一个巨大的问号结束。我看向戈达德的飞行系统经理阿林·巴特尔斯。阿林在希瑟的坚持下加入了这项任务，此前他与希瑟在月球勘测轨道器项目上合作过。他对航天飞行的热情和奉献精神是显而易见的，他似乎非常享受OSIRIS-REx任务所带来的挑战。

当我们的目光交会时，我说："我们有一个新风险：贝努的意外。我们需要做好准备迎接意外。"

在11月，罗塞塔号的探测器菲莱（Philae）在彗星上着陆，部署过程看起来非常完美。摄像机捕捉到了着陆器分离并开始向表面下降的画面。但随后，出人意料的是，它弹跳了一下，着陆，然后又弹跳了一下，第三次也是最后一次着陆。这次计划外的"跳房子"是双重故障的结果——两种关键的着陆固定装置都坏了。探测器应在着陆时释放锚定鱼叉，不过锚定鱼叉未能部署，而设计用来将探测器固定在表面的推进器也没有启动，没有产生预期的推力。更糟糕的是，着陆器最后一次失控的着陆使它卡在了彗星冰层的一个黑暗裂缝中，就像我们在南极训练时遇到的那些死亡陷阱一样。

用航天器的术语来说，这种"非最佳位置和方向"意味着探测器只能工作3天——与原本6个月的操作策略相比，这是一个重大损失。尽管面临这些挑战，探测器还是从彗星表面获得了首批影像。它发现了大约10英寸厚的碎石覆盖在坚硬的冰层上。

质谱仪检测到了碳和氢，这些都是有机分子的明确迹象。

尽管如此，这又是一次人类航天器接触小型天体的尝试，虽然是又一次的跌倒和失败。我借鉴了迈克的智慧，告诉大家菲莱的失败对我们来说是好消息。

首先，着陆器弹跳了！就在几周前，TAGSAM 工程师向我介绍了机械臂的最新设计概念。他们在前臂上增加了一个弹簧，以吸收接触硬质小行星表面时产生的动量。作为额外的好处，他们说，如果探测器在接触的那一刻重新启动，它将会像孩子踩着弹簧棒一样从表面弹开。菲莱在彗星表面经历的过山车式起伏，让这个预防措施显得非常有必要。

知道我们可以学到更重要的经验教训，我打电话给埃德，请他收拾行李前往欧洲。"向罗塞塔团队取经，"我说，"尽可能多地了解他们会做哪些不同的事情。"埃德总是热衷于不断寻求新的经验，尤其是那些与科学相关的经验，他欣然接受了这个任务。在法国和德国匆匆一行之后，埃德带回来一个明确的信息："增加一个导航相机。"

这个建议与工程师们提出的备用导航解决方案完全一致，正好也是NASA所要求的，他们称之为"自然特征跟踪"（Natural Feature Tracking，NFT）。NFT将使OSIRIS-REx能够在下降到采样点的过程中拍摄表面照片，将这些照片与预先加载在其储存器中的机载目录进行比较，从而确定其相对于计划轨迹的位置。在分析了几十张图像后，探测器可以准确更新检查点和匹配点的机动操作，引导自己到达采样点。

这个额外的“导航相机”正是我们所需要的，感觉就像在新车上加装了高级的GPS套件一样。

但几乎与此同时，洛克希德公司的管理层回复说，他们根本没有足够的程序员来编写这款新软件。他们认为，既然NFT（自然特征跟踪）只是一种备用技术，我们可以先安装新的导航相机，并在导航软件中创建“桩代码”，如果需要，可以在飞行过程中安装完整的NFT代码。他们向我保证，这些程序员就像待命的后备军，如有需要他们可以随时投入工作。但在4年后我们到达贝努之前，我们无法确定是否需要。

事实证明，建造航天器就像建造一辆高性能赛车。两者都必须在极端环境中工作，且没有失败的余地。成功往往取决于毫秒级的精确度。而且每当一个问题解决后，另一个问题又会出现，使我们再次急于寻找解决方案。

我们一个接一个地解决了问题，特别是在样本采集系统中。我们已从“点对点”进化到“激光TAG加NFT跟踪”。我们建造了一种反向真空吸尘器弹跳杆式机械臂，用来从表面采集样本。当然，现在是时候解决最后一块拼图了，也就是将样本带回地球，这给我们带来了新的挑战。

到目前为止，洛克希德公司在将样本返回舱安全送回地球方面的记录好坏参半。每个人都对创世纪号（Genesis）任务的失败记忆犹新；其舱体坠毁在犹他州沙漠的情景一直萦绕在我的噩梦中。我们都知道这是人为错误的结果，释放降落伞的重力开关装反了，导致降落伞无法使用。

星尘号返回舱完美着陆为我们的样本返回舱提供了宝贵经验。我们还借鉴了创世纪号任务中的一个关键教训：测试整个系统，以确保所有组件都安装正确且功能齐全。事实上，这些测试很快就揭示了重大缺陷。

第一个麻烦的迹象出现在“下落测试”期间。这个测试虽然简单但很有效，我们只需从直升机上投放返回舱，以验证降落伞是否能展开。这个测试不仅让团队成员感到兴奋，也让世界各地越来越多的追随者翘首以盼。我们决定拍摄并利用这段视频制作一些酷炫的社交媒体帖子，让全世界预览9年后OSIRIS-REx将贝努的样本带回地球的场景。

我们聘请了亚利桑那公共媒体对这次活动进行视频报道。测试地点很偏僻，我们聚集在洛克希德公司的一间会议室里观看。我清楚地知道降落伞应该释放的时间点，精确到秒。所有人都紧盯着屏幕，我看着返回舱从直升机上投下，开始倒数降落伞展开的时间。随着秒数的流逝，我感觉心跳在加速。

我想，如果今天我都这么紧张，等到任务真正开展时我会是什么样子呢?

终于，降落伞展开的时刻临近了，然后——它过去了。降落伞没有展开。我迅速看向阿林。那天他看起来有些不修边幅，眼睛下面有黑眼圈，脸上胡子拉碴。我能看出他花了很多个夜晚在攻克这个测试的复杂工程问题。尽管他的眼睛紧盯着屏幕，还是感受到了我的注视。

“这不像火箭发射。它受到一些随机力量的影响。”阿林安慰我道。然后，在感觉像是过了很久但实际上只有3.2秒之后，小型的引导伞释放了，紧接着主伞也几乎立即展开。由于延迟，降落伞的展开高度比预期低了几百英尺。不过，这也意味着视频画面非常精彩，因为摄制组能够以比预期更高的分辨率聚焦到降落伞的展开过程。不幸的是，由于这段视频记录了一个异常情况，NASA不愿意公开发布它。相反，我们把它交给工程师，供他们参考并解决问题。

他们最初认为是缠绕在系索上的胶带出了问题。因此，在改进了胶带配置以解决这个问题后，我们又回到了直升机上。相同的测试，相同的结果。

下一个可能的原因被证明是正确的。一个用于固定系索的扣带在关键时刻干扰了系索的释放，工程师们需要设计一个新方案并重新配置降落伞。两个月后，我们再次回到了直升机上。这次，它成功了。降落伞按时展开，没有任何绳索被卡住的迹象。

当我们在处理难以控制小型引导伞问题时，释放降落伞的重力开关也开始出问题了。这些“重力开关”（g-switches）能感应到返回舱达到临界减速时释放降落伞——前提是它们被正确安装。一旦返回舱完全组装好，我们就将它转移到科罗拉多大学进行离心机测试。离心机是一种将物体固定在长臂末端的快速旋转的装置，用于增加加速度并长时间模拟高重力环境。宇航员需要在离心机上待一段时间，以证明他们可以承受强烈的加速度，并在火箭发射和返回舱重返大气层时保持功能正常。出于同样的原因，我们也要对返回舱进行同样的处理。

我们将返回舱装入旋转臂末端的支架中，然后开始加速。当我们达到重力开关应该触发的临界加速度时，却什么都没发生。开关仍然呈闭合状态。我再次感到一阵深深的不安和恐惧。

我转向阿林，带着讽刺的语气质疑他："你确定你装对方向了吗？"

他瞪了我一眼，然后承诺一定要找到问题的根源。第一个解决方案是完全拆解整个装置，修理和更换所有重力开关。距离发射只有17个月的时间了，我对这个步骤的倒退感到不安，痛苦地看着返回舱被拆解成各个部件，就像解剖一个病人的内脏一样摊开。我提醒自己，这就是为什么我们为计划留有余地的原因，以应对种种潜在问题。

漫长的7个月过后，重力开关被拆除并更换为完全检查过的部件。安装后的测试结果看起来不错。我们开始了最后的收尾工作，并将重建的返回舱运回进行重新测试。

结果令人担忧，至少可以这么说。当返回舱达到适当的加速度时，开关卡住了。新的问题来源是开关腔内的碎屑。这些开关像是弹簧上的小球，一旦力足够强，小球就会压缩弹簧，使开关打开。工程师们推测有些污垢干扰了弹簧，使它在积累足够力量冲破摩擦障碍之前出现卡顿。

当我听着详细的报告时，我的心脏随着开关数据一起颤抖。我想象着自己乘坐那个返回舱回到地球表面，屏息等待降落伞展开，却发现颤抖的振动阻止了它们的释放。我扫视了一下房间，注意到所有决心坚定的面孔。我们要搞清楚这个问题。

工程师们开始寻找重力开关的替代供应商，同时开始检查原有的重力开关。他们用X光扫描并切开它们，在显微镜下检查。结果是它们非常干净。洛克希德公司和戈达德中心号召所有人员参与。突然间，我们之前担心的恐怖的事故时刻可能并不是TAG，而是返回舱在沙漠中着陆——或者坠毁。

距离发射还有5个月的时间，我接到了阿林的电话。“我们找到问题了！”他兴奋地说，“问题根本不在开关，而是我们设计的离心测试方式。”

“什么意思？”我问道，“加速度有问题吗？”

“不，”他回答道，“测试配置在重力开关上产生了侧向负荷，把轴承推向了墙壁，导致观察到了颤动。解决方案是重新设计测试，以更准确地模拟飞行中的加速度曲线。”

在重新组装好设备并采用新的测试方案后，我们祈祷并再次进行了测试。一切都完美运行。

✦✦✦

2016年5月，OSIRIS-REx准备前往肯尼迪航天中心。事实上，我们所有人都要前往那里，在接下来4个月的时间里为发射做准备。

为了防止任何污染，从洛克希德·马丁公司将探测器运送到巴克利空军基地的运输集装箱内，持续不断地充入了高纯度氮气进行净化。货物装载完毕，被包裹在保护性的氮气泡中后，道格拉斯县警长办公室的警员们将护送我们前往基地，一架C-17环球霸王III型运输机已经在跑道上等候我们。有安保人员随行，我们感觉自己像是皇室成员。当希瑟和我乘坐一辆面包车跟在运载航天器的18轮大卡车后面时，我看了一眼地平线上的落基山脉，然后看向希瑟。

“我们真的做到了，”我惊叹道，“我们建造了世界上最伟大的小行星探测器。”

“我们确实做到了，”她确认道，“现在我们要把它送往未知的地方进行探险了。”

刚到达巴克利空军基地，运输集装箱就从拖车上卸下，用叉车放置在飞机后面的停机坪上，然后用绞盘小心翼翼地拉上飞机。空军飞行员邀请我进入驾驶舱，分享各自在职业生涯中经历的有趣或具有挑战性的故事。我向他们讲述了我们即将进行的小行星探险，然后带着敬畏之情听他们讲述上次执行的任务——为在阿富汗作战的美军部队运送补给。他们对在肯尼迪航天中心航天飞机着陆设施着陆的历史意义感到兴奋。更让他们高兴的是，我们进场时没有遭遇敌对火力。[1]

从C-17卸货的过程基本上是装载过程的逆向操作。航天器被运送到有效载荷危险服务设施（Payload Hazardous Serving Facility）处，这将是我们接下来几个月的“家”。在这里，我们

1　相比他们在战区执行任务时的危险和紧张，这次任务的顺利和安全让他们感到非常满意和庆幸。

进行了最后的检查，并抓紧进行了最后的安装工作。用于TAG游戏的两台激光器及时送达，并成为最后安装上的组件。在向油箱加注了1 200千克的肼之后，我们将OSIRIS-REx封装在有效载荷整流罩中，即可以保护航天器免受大气影响的鼻锥。

3个月后，OSIRIS-REx矗立在强大的宇宙神V型（Atlas V）火箭顶端，蓄势待发，准备离开地球，踏上探寻小行星贝努的星际之旅。

2016年肯尼迪航天中心，但丁与OSIRIS-REx和宇宙神V型整流罩（但丁·劳雷塔个人照片）

第九章

OSIRIS–REx，加油

在发射日早晨，我有15分钟属于自己的时间。从可可海滩（我们和家人住在那里）开车到卡纳维拉尔角空军基地，恰好需要这么久。尽管知道没有多少时间可以享受音乐，我还是精心准备了当天的播放列表。第一首歌，当然是拉什乐队（Rush）的《倒计时》（*Countdown*）。[1]随着中午的阳光在头顶洒下，波光粼粼的大西洋在我身旁延展，我的脉搏也随着歌曲中的合成器节奏而加快。盖迪 · 李唱道："满怀期待地点燃 / 我们到达发射场。"

当我驶过现在已然熟悉的佛罗里达海滩时，我想到了迈克。众所周知，他很喜爱海滩，我们在里约热内卢参加科学会议时一

1　Rush 是一支来自加拿大的著名摇滚乐队，成立于 1968 年。乐队以其复杂的音乐结构和深刻的歌词著称，融合了硬摇滚、进步摇滚和重金属等风格。文中提到的"*Countdown*"是 Rush 的一首歌，收录在 1982 年的专辑《信号》（*Signals*）中，该歌描述了火箭发射的过程，非常契合作者在发射日早晨的心情和场景。

起度过了欢快的一周。如果他在，他今天一定会很喜欢这里。

为了到达火箭控制塔，我经过了一个安检站，一个持机枪的男子瞥了一眼我的证件后让我通行。当驶过入口标志时，我笑了，今天上面写着："OSIRIS-REx，加油！"而不远处的另一块广告牌也印着同样的任务标志。就在前方，我看到了宇宙神V型火箭的鼻锥直指天空，就像一个棒球运动员在指示全垒打。我想象着OSIRIS-REx安静地待在里面，焦急地等待着实现它的使命。

我把车停在标有"首席研究员"标签的车位上，并拍下相应铭牌的照片留作纪念。负责将OSIRIS-REx送入太空的私营发射公司联合发射联盟对我们非常热情，他们确实像对待那些支付1.83亿美元购买他们火箭的人一样对待我。我们在太空海岸逗留的4个月期间，当地居民更是热情地欢迎我们，他们在餐馆和杂货店主动与我们交流，对这项任务的了解程度和热情令人印象深刻。在可可海滩的一家理发店里，理发师立刻认出了我，在理发过程中不停地向我询问有关贝努、小行星探测器和发射的情况。从那以后，我开始随身携带纪念徽章，以便分发给大家。

尽管有这么多的支持和宣传，但过去几周却在不断提醒我们，像我们这样的任务可能是会失败的，而且往往是在发射台上的最后、最令人心碎的时刻。

发射前六天，我在尼尔·阿姆斯特朗运营和检测大楼（Neil Armstrong Operations and Checkout Building）的会议室里，召开飞行准备审查会议，讨论在发射前最后阶段可能潜在的任何问题。坐在那里，我的注意力被墙上装饰的徽章所吸引，那是过去半个世纪里NASA发射的数百艘航天器的标志。其中有些标志是黑白印刷的，不像其他标志那样色彩鲜艳。我试图弄清它们的共同点。当我看到辉煌号（Glory）[1]——一颗发射于2011年的地球观测卫星，其火箭在发射几分钟后出现故障并坠入太平洋——的黑色标志时，我明白了：这些标志是为了纪念失败的任务。我不禁想，OSIRIS-REx将如何被世人铭记？是以庆祝的色彩，还是以庄严的黑白？

宇宙仿佛读懂了我的心思，桌子开始颤动。低沉的隆隆声在我们脚下响起，轰鸣声越来越大，最终发出令人胃部不适的爆炸声。这种声音在任何情况下都令人害怕，尤其是当你的航天器就在附近，更是让人惊恐万分。房间里几乎所有的手机都在桌上嗡嗡作响。我犹豫了一下，然后翻过我的手机，短信写道："SpaceX在发射台上爆炸了！"

慢慢地，我和同事们拼凑出了事情的经过：在发射台以东1英里处，我们团队的成员正在为OSIRIS-REx做最后的调试，而SpaceX的猎鹰9号火箭在一次例行测试中爆炸了，引发了一场巨大的火灾。随后，它所携带的价值2亿美元、满载燃料的Facebook通信卫星也坠落地面，引发了一系列次生爆炸。从停车

1 辉煌号卫星是 NASA 发射的一颗地球观测卫星，主要任务是研究地球的大气和气候变化，尤其是测量大气中气溶胶和太阳辐射的数据。辉煌号卫星原计划于 2011 年 2 月 23 日发射，但由于火箭的技术问题，发射推迟到 2011 年 3 月 4 日。在 2011 年 3 月 4 日的发射中，由于运载火箭的整流罩未能正确分离，卫星未能进入轨道，最终坠入太平洋。

场望去，我看到滚滚黑烟在海风的吹拂下飘向我们的发射台。有消息称没有人受伤，空军支援部队正在赶来确保OSIRIS-REx的安全。人们开始返回到室内继续会议，就像办公室员工在消防演习后回到工作岗位一样。我也跟着回去，当时我的神经紧张得就像裸露的电线一样噼啪作响，不过还是尽量让自己平复下来。

飞行准备审查会议重新召开，并一致做出“可以发射”的决定，这本该是一个充满胜利感的时刻。然而，我离开时却感到担忧，心情沉重。

一周后，当21层楼高的宇宙神V型411火箭从垂直集成设施中缓缓出现，从我身边经过驶向发射台时，我惊叹不已。这是一枚外形奇特的运载火箭，其侧面只绑着一个助推器。过去几天里，我花了很多时间向记者们解释它的构造，他们看到火箭后都好奇地问它如何不会失控旋转。（简单来说，主发动机向内倾斜以改变其推力方向，使宇宙神火箭能够笔直升空。）在我走进控制中心前，我向火箭侧面印的字点头致意，“同事、朋友、远见者（Colleague, Friend, Visionary）”，以纪念迈克。

发射窗口将在晚上7: 05准时开启，此时地球和贝努之间的路径将与佛罗里达州中部对齐。发射后，宇宙神V型火箭将加速至25 000英里每小时，挑战地球的引力束缚。发射55分钟后，火箭将释放OSIRIS-REx，使其进入环绕太阳的轨道上。火箭的部分残骸将落回地球，沉入大西洋深处，其余部分将继续在太空中漂浮。然后，OSIRIS-REx将在太阳系中旅行一年，以便返回地球，利用地球的引力场将其推进到10亿英里外的贝努。

我坐在指定的控制台前。在我面前是几十个窗口、菜单和小程序，都在“热火朝天”地监控发射所需的无数火箭子系统，这简直就是“极客天堂”。凯特、孩子们和我们的其他家人在位于我上方几层的宇宙神航天器操作中心的屋顶上观看发射。尽管我很想看到他们抬头仰望航天器升空时的表情，但我也很感激控制中心里相对宁静的环境和这把舒适的椅子，缓解了一些我的紧张情绪。

在过去几周里，我偶尔有些喘息的时刻——和同事们一起烧烤，和我的孩子们在海滩上玩耍——但大多数时候都处于一种过度刺激的恍惚状态，就像是要经历一场我无法控制宾客名单的婚礼。甚至在希尔顿酒店的酒吧里，还有一款特色鸡尾酒“蓝贝努”，由龙舌兰酒、蓝色库拉索酒和果汁调制而成。此外，还有好些派对小礼物：纪念币、贴纸、徽章、海报和别针。

我的妈妈和她的丈夫从亚利桑那州坐飞机过来了，我的兄弟们带着他们的老婆孩子来了，我的嫂子还带着她的五年级科学班进行了一次前所未有的肯尼迪航天中心实地考察。就像我的婚礼一样，我感到被撕裂成无数个分身，担心自己没有好好享受这一刻。

我也有很多工作要做，真的很多：讲座、采访、出席活动。作为即将发射的任务的首席研究员，我就像是它的首席啦啦队队长。大部分时间里，我很享受能有宣传我们团队和谈论OSIRIS-REx的机会，但我也无法否认我有多么疲惫。发射前一天，在去参加亚利桑那大学校友活动的路上，我一头撞上了一扇玻璃门。

但丁和希瑟在发射现场（但丁·劳雷塔个人照片）

幸运的是，没有人看到，受伤的只有我的自尊。

现在，唯一剩下的事情就是送我们的航天器上路。我戴上耳机，耳机里充满了来自世界各地的发射团队成员的声音，他们在各自的屏幕前工作，还有公共音频的声音。这听起来像是一个晚宴派对，几十场对话同时进行。我卷起袖子，抚平领带，这条白色领带上绣有红蓝相间的OSIRIS-REx标志图案。

起初，我把注意力集中在液氧水平上，它是上周SpaceX爆炸事故的罪魁祸首。就在我的目光停留在仪表上时，火箭二级氧化剂箱附近出现了一个重大问题，这个氧化剂箱正在不断注入高度易爆的液氧火箭燃料。我试图把上周SpaceX黑烟弥漫的影像从脑海中抹去。晚上6点，距离发射窗口开启还有大约一个小时，

但丁与发射 OSIRIS- REx 的宇宙神 V 型火箭（联合发射联盟供图）

液氧箱达到了飞行所需水平，我这才松了一口气。

晚上6: 35，负责提供发射中心天气预报的第45气象中队发布了最后的简报，表明有90%的可能性天气状况良好。天气情况是“可以”，发射可以继续进行。

晚上6: 55，航天器的“脐带”电源连接被切断，转为内部电源，首次依靠自己的电池运行。当最终的“可以/不可以”投票在我的耳机中展开时，我紧张地将拳头抵在嘴唇上。不过最后所有的投票结果都是“可以”。

晚上7: 01，终端倒计时开始4分钟倒计时。在发射台上，宇宙神V型火箭的推进剂箱被加压，飞行终止系统被激活，这个系统负责在可能发生爆炸的紧急情况下摧毁火箭。

“一切正常。”在还有1分钟时传来呼叫，意味着一切仍是“可以”。

“发射指挥官——”系统首席工程师说。

“你可以发射了。”

距离发射不到1分钟，我变得异常平静。我默默地感谢过去12年里共同设计这个任务和这艘航天器的数千人，感谢今天聚集在佛罗里达的数万人，以及那些提交名字、希望被刻在OSIRIS-REx上的数十万人，他们在精神上与我们一起踏上前往贝努的旅程。

“倒计时25秒。状态检查——”

还有一次取消的机会。

“宇宙神准备就绪。”第一级准备发射。

“半人马[1]准备就绪。”第二级准备接管任务。

最后，我说出了已等待十年的话语：

“OSIRIS-REx准备就绪。”

然后它的发生，就像电影里一样，就像拉什在歌曲里唱的一样。

---

1 宇宙神火箭的二级火箭名字。

“倒计时十、九、八、七、六、五、四、三——”

在倒计时2.7秒时，宇宙神V型火箭的主发动机轰然启动，其双喷嘴产生了86万磅的推力。我屏住呼吸，闭上眼睛。我感受到我的意识超越了房间，超越了设施，超越了时空的限制。我感受到了翻滚的烟雾波浪，感受到了从发动机喷发出的火焰的热量，感受到了火箭从发射台上缓缓、完美地升起。我感受到我的身体与OSIRIS-REx一同升起，一同翱翔于太空。不过，很遗憾我没有听到最后几秒的嘀嗒声。

“OSIRIS-REx发射升空，”公共音频广播宣布道，“它的七年任务：勇敢地前往贝努小行星并返回。”

整个过程无懈可击，美不胜收。燃烧的液氧和煤油产生的烟雾仿佛形成了一座通往天空的塔楼。慢慢地，火箭消失在天际。

“一路顺风，我的朋友。”我轻声说道。

OSIRIS-REx踏上了它的旅程。

第三部分

第十章
到达

宇宙神Ⅴ型火箭的鼻锥内，OSIRIS-REx已经准备好踏上它的旅程。火箭发动机的点火引起了剧烈的振动和震耳欲聋的噪声，航天器在加速升空的重压下不断发出呻吟，这种压力是地球上重力的6倍。在几分钟内，火箭的第一级分离并坠入大西洋，整流罩也随之坠落。然后，压力减缓，航天器在轨道上进入失重状态。

从OSIRIS-REx在太空的视角来看，地球是一个美丽的蓝白色球体，带有旋转的云层和清晰可见的大气层。当它飞越非洲进入黑夜时，城市和乡镇的明亮灯光在宇宙的黑暗中显现出来，星星也变得更加耀眼。

当澳大利亚大陆映入眼帘时，第二级火箭发动机点火，将OSIRIS-REx释放到太阳系中，以12 000英里每小时的速度远离地球。爆炸螺栓释放，机械锁扣解开，太阳能电池板展开并朝向太阳。航天器的太阳能电池板吸收着阳光，补充电池电量。为其他组件供电所需的电流开始流动。随着航天器踏上探索未知的征途，广阔的太空充满了未知和可能性，像是在召唤着航天器，带着对冒险的承诺。现在，我们能做的就是等待。

✦✦✦

在绕太阳运行一年后，OSIRIS-REx在远处探测到了我们明亮的地球。地球在视野中逐渐变大，形成了一个清晰可见的月牙状，太阳光从背后照射，给地球的边缘镀上了一层柔和的光晕。在接近地球时，黎明破晓，南极洲白茫茫的景色在下方掠过，深蓝色的海洋从其锯齿状的海岸线上蔓延开来。地球的引力是如此之大，使得航天器在巨大的压力下发生颤动。

那天早晨，我把车停在德雷克大楼的停车场。在前往办公室的路上，我特别留意了大厅里的数字倒计时钟：

距离地球引力辅助

1小时49分钟

我停下来享受这些字眼带给我的刺激感。

在我们发射那天，倒计时钟上显示的是378天15小时55分钟。时间飞逝——现在我们的航天器也要起飞了。那天早上，图森时间上午9:52，OSIRIS-REx将掠过南极洲，在智利合恩角以南、距离南极大陆最南端约10 711英里的上空飞行，然后迅速向北飞越太平洋。像我们之前的许多行星探测器一样，我们利用地球的引力将自己弹射到前往贝努的路上。我们把这一操作称为“地球引力辅助”（Earth Gravity Assist，EGA），EGA对于次年探测器与贝努的会合至关重要。

航天器状态良好，团队士气高昂，我们准备好迎接前往贝努旅途中的下一个重大事件。尽管宇宙神V型火箭为我们提供了前往贝努所需的全部动力，但OSIRIS-REx并不在正确的轨道平面上。贝努绕太阳运行的轨道与地球的轨道之间有一个微小的倾斜角度。所以，我们需要从地球引力中获得额外的助推力，改变航天器的路径并捕捉到小行星。引力辅助就像视频游戏中的加速增益：在太空中击中正确的位置，你的航天器就会以新的方向迅速飞离。由于这次飞越，航天器的速度将增加惊人的8 451英里每小时。若要通过探测器的火箭发动机获得同样的推动力，需要消耗的燃料量是现有总量的两倍以上。

除了让OSIRIS-Rex进入星际加速状态，地球引力辅助也是首次试运行其科学仪器的机会。为了确保通过地球引力井——由于我们质量巨大的星球的强大引力导致时空弯曲的区域——的路径完全按照计划进行，探测器大约等待了4小时才到达地球的光照面。

在有机会“睁开眼睛”后，探测器将其仪器平台再次转向地球，开始对地球进行成像和光谱测绘。数据显示，地球有无垠的海洋、充满气旋风暴的旋转大气层和各种气体——甲烷、氧气、二氧化碳和臭氧。陆地表面分布有各种矿物质和利用太阳能的光合作用的化合物，维持着丰富的生物圈。

大家都为地球家园的图像感到兴奋，光谱学家迫不及待地将他们的仪器对准地球及其充满强烈光谱特征的大气层。自探测器发射以来，德雷克大楼首次充满了活力。来自世界各地的科学团队成员聚集在一起，参与这一历史性任务的重要里程碑，并练习在遭遇小行星期间将进行的日常活动。几个月来，我一直期待着地球观测活动，以此培养团队的合作精神。

我们的航天器系统工程师埃斯特尔·丘奇（Estelle Church）从洛克希德·马丁公司来访。埃斯特尔有一头金发，总是佩戴着闪亮、醒目的珠宝，和她充满活力的个性相匹配。她声音洪亮，饱含激情，是一位技艺高超、经过时间考验的工程师，热衷于设计、建造和操作我们的航天器。她很友好、平易近人，是工程师和科学家之间的完美联络人。

大家都集中在我们的科学操作区域[这个空间也被亲切地称为“甜甜圈分发中心”（doughnut-distribution center），我们每个星期五早上都会聚集在这里讨论最新的任务状态，作为一种团队的福利和传统，在聚会上享用甜甜圈等含高糖和高碳水化合物的食物]工作，它的四周排列着小隔间的会议室。埃斯特尔的电脑显示一个仪表板，不断更新着航天器的最新数据。我凑到她的肩膀旁，扫了一眼温度、电流、电压、仪器状态——所有一切看起来都完美无缺。

那天晚上刚过6点，我们中的一小群人在“甜甜圈分发中心”的会议桌周围坐着，焦虑地等待着地球的首批图像。当时我们并不紧张，只是焦急。我坐在椅子上，不断交叉和放松双腿。我很难把注意力集中到其他事情上——我的思绪被即将到来的事件所占据，我不断地把目光投向埃斯特尔的屏幕。

“情况如何？”我忍不住问道。

“我们现在在25号上。”埃斯特尔回答，指的是正在使用的接收天线的编号。这座110英尺宽的卫星天线是NASA深空网络的一部分，该网络是一个支持行星际探测器任务和射电天文学的国际天线阵列。它由3个深空通信设施组成，这些设施大约相隔120度地分布在世界各地：加利福尼亚州巴斯托附近的戈德斯通综合体；西班牙马德里以西的马德里综合体；澳大利亚堪培拉西南的堪培拉综合体。无论你在太阳系的哪个地方，只要离地球足够远，总能看到其中一个站点。

“加利福尼亚？”我问道，实际上我知道我们在使用戈德斯通综合体。

“戈德斯通，”她确认道，我们俩都只是为了缓解当时等待过程中紧张而安静的气氛，“随时可能。”

随着漫长的时间一分一秒地过去，我的脑海里不断浮现出各种担忧。我们的相机套件是专为贝努设计的，贝努是太阳系中最暗的天体之一，其反射率与高速公路沥青相似。鉴于其高灵敏度，地球上明亮的大陆和翻滚的白云可能会使我们的探测器饱和，导致图像曝光过度而变得一团糟。从科学角度来说，这不是问题，因为相机并不是为研究地球而设计的。然而，这第一张图像对于展示我们的能力至关重要，我希望能看到我们家园的标志性图像。我也本能地知道，它将为团队带来无与伦比的士气提

但丁在深空网络的戈德斯通综合体前（但丁·劳雷塔个人照片）

振，是我们有能力应对未来挑战的明确证据。

我透过埃斯特尔的左肩上方，不断扫视着屏幕上滚动的工程数据。这些数据应该已经下来了，为什么还没有显示在屏幕上?

“这是我一生中最长的5分钟。”埃斯特尔坦言道，这也反映了房间里每个人的心情。

经历了30分钟的等待后，我们知道地球出现在埃斯特尔的电脑上了，因为她尖叫了一声:“哦，我的天啊！哇！”

在亚利桑那，当数据下来的时候，大家都挤到埃斯特尔的桌子一侧。凝视着我们美丽的星球，我们集体发出了一声惊叹。地球就在那儿，探测器从外太空向我们发回了信号。

盯着屏幕，我想象自己身处OSIRIS-REx内，在它的摄像机

OSIRIS-REx拍摄到的地球图像（美国航空航天局/戈达德太空飞行中心/洛克希德·马丁公司/亚利桑那大学供图）

后面，惊奇地凝视着我们的家园。在那几千个像素所呈现的画面中，包含了我们所有80亿人，以及与我们共享这个星球的无数神奇生命体。它看起来如此脆弱，如此精致，如此美丽。有那么一刻，我在想，如果每个人都有机会像我此刻这样看到这个世界，会发生什么改变。

突如其来的掌声把我拉回了现实。一些人的脸上挂着泪痕，我能看出我的一些朋友也在想象自己身处太空。我们对共同取得的成就感到惊叹和自豪，同时对一切都按计划进行感到惊讶和满意。

现在，仪器全速运转，接下来的三天里，我们对地球和月球进行详细探测，就像在大赛前的模拟比赛一样，测试硬件、地面系统和团队，为即将到来的与贝努的相遇积累技能和信心。

几天之后，地球的辉煌和耀眼光芒消失了，OSIRIS-REx再次进入深空，这次它走上了捕捉目标的轨道。就像过山车的急转弯一样，OSIRIS-REx的轨迹向上弯曲了6度，现在与贝努的轨道倾角相匹配，并迅速掠过地球。任务的下一阶段开始了。

在地球引力辅助的兴奋之后，德雷克大楼大厅的时钟被重置：

距离到达贝努的时间

438天

✦✦✦

自从第一艘隼鸟号探测器带回小行星尘埃以来，日本航天局（JAXA）对其命运多舛但最终成功的任务进行了改进并发射了续作。这些年来，隼鸟2号和OSIRIS-REx团队建立了牢固的合作关系。我们都知道，合作能够增加两项任务成功的机会。

2018年8月，我在日本参加了隼鸟2号的着陆点选择会议，既是为了提供帮助，也是为了获取我们自己着陆点选择的见解。隼鸟2号的目标是1999 JU3小行星，现在被命名为“龙宫”，源于日本传说中的龙宫，这是一颗黑暗的近地小行星，轨道与贝努相似。通过参与这次会议，我同时在帮助探索两颗最大的碳质近地小行星。

在发射之前，JAXA对这颗小行星的了解远不如我们多。最关键的是，他们没有雷达数据来确定其大小和形状。就好像龙宫占据了地图上那片标有“此处有龙”的未知区域。在所有天文观测中，龙宫仅仅呈现为一个光点。隼鸟2号基于小行星旋转时亮度的变化和不同的照明角度来制定任务概念。

7月下旬，就在我抵达日本之前，JAXA获得了龙宫的第一张近距离视图。当我研究这些图像时，龙宫的形状最让我印象深刻。它呈现出那种熟悉的陀螺形状，与我们预期的贝努的形状非常相似，尽管它的宽度是贝努的两倍多。

“这个形状看起来很熟悉，”我故作了解地对隼鸟2号的首席研究员，也是我的一位老朋友说。

“是啊，”他回复道，脸上露出灿烂的笑容，“起初，我还以为我们走错路，到了贝努！”

在隼鸟2号之前，我们从未近距离观察过这类天体。我们围绕陀螺形状设计了整个任务，所以在龙宫上看到这种形状让我确信我们的研究方法、设计思路和任务配置是正确和有效的。这个结果证实了我们所有的猜想——龙宫，以及很可能也包括贝努，实际上是旋转的碎石堆。就像宇宙中的粗大液滴一样，这类小行星只不过是松散的太空碎片堆积物。它们是数亿年前在主小行星带中，两个更大的小行星相互碰撞所留下的溅射物。随着碰撞产生的碎片逐渐减速并最终重新汇聚成这些团块，数以百万计的类似我们探测目标的物体也随之形成。引力总是会赢。

然而，龙宫有一个不合预期的方面，那就是它看起来非常粗糙的表面。这颗小行星表面布满了各种尺寸的巨石，从超过300英尺到大约1英尺半（当前成像分辨率的极限）。巨石密度约为糸川小行星的两倍。尽管我们此行是为给隼鸟2号的探测器、着陆器、撞击实验设备和样本采集器选择几个着陆点，但当前的分辨率还不足以进行必要的安全评估。他们努力通过应用巧妙的图像处理分析来识别像素大小的巨石，不过真的超出了我认为可信的范围。一种恐惧感弥漫在房间和我的内心中，我希望我们不必面对这些挑战。

身处日本的缺点是，当我们的第一张贝努小行星图像被传回时，我没能和远在图森的同事们在一起，错过了这一时刻。那天凌晨2点，我正舒适地待在相模原市的小旅馆房间里，突然他们通过视频连线把我接入位于德雷克大楼的礼堂。当我梦寐以求了14年的目标终于实现时，我欢呼雀跃，可能还吵醒了旅店的邻居。发射近两年后，我们终于看到了那颗小行星。

探测器再次打开观测设备，用其远程相机扫描星空。PolyCam从大约140万英里（约合225万公里）的距离上拍摄了第一张照片。经过两年的太空旅行，贝努现在成为移动星空背景上的单个像素点。

对我们这些训练有素的人来说，这个点是显而易见的。它的存在意味着我们做到了——我们到达了贝努。在接下来的几个月里，贝努从一个简单的像素点变成了一个完整的世界。它是一个多岩石且崎岖不平的星球，表面粗糙，整体呈球形。受自转运动的影响，松散的物质被推向它的腰部区域[1]，在赤道周围形成了一个明显的凸起。

现在已经进入仪器的探测范围，是时候让我们的科学设备发挥作用了。在整个接近阶段，我们对贝努及其周围环境进行了全面的观测。其中最重要的是自然卫星搜索计划——确保贝努周围的空间对OSIRIS-REx来说是安全的。这项操作动用了多功能相机（PolyCam）和地图相机（MapCam）。我们还增加了导航相机（NavCam），虽然它原本不是为科学任务设计的，但现在也逐渐被用于科学观测，以确保万无一失。

随着表面逐渐清晰可见，一些地方的亮度超出了设计时的预期，导致相机的部分像素过曝（失明）。而且，还有一些区域比太阳系中有记录以来最暗的物质都要暗。这些黑色巨石悬挂在贝努小行星的边缘，几乎勉强附着在其表面。随着小行星在持续的阳光照射下旋转得越来越快，阳光给其施加了一个虽小但恒定的扭矩。

在卡尔的带领下，我们调查了贝努的直接环境，看是否有尘埃、天然卫星或意外小行星迹象，这些都可能对探测器的安全造成威胁。卡尔的报告给出了明确的结论：贝努附近没有任何危险迹象。环境看起来很干净，我们可以继续进行到达操作。

随着我们越来越接近小行星，科学数据源源不断地涌入。我

1　指的是星球的赤道区域，就像人类的腰部一样，是星球旋转时物质聚集的地方。

们测量了贝努的反射率、光变曲线（其旋转时亮度的变化）以及相位函数（其通过月亮类似的相位时亮度的变化）。一切看起来都符合预期。

在整个接近阶段，德雷克大楼里一片忙碌。科学团队的成员租了公寓，开来露营车，或者住在朋友家，以便全天候待命。没有人愿意错过首次重大发现。当我们系统地检查了探测器的每一个子系统和两套激光雷达系统时，这些用于我们TAG游戏的设备看起来完全正常，随时可以投入使用。

相机并不是唯一研究贝努的仪器。从PolyCam首次检测到贝努后开始，我们的光谱仪就捕捉到了这颗小行星。在一个忙碌的下午，负责分析两台光谱仪数据的科学家们冲进我的办公室，他们的扑克脸上透露出无尽的喜悦。他们把一张纸拍在我的桌子上，上面显示了一些波状线条。这些线条所传达的信息令人兴奋。图表一开始是一条直线，然后急剧下降，表明信号强度减弱。这一下降是个光谱特征，清楚地表明贝努表面上的某种分子正在吸收一些阳光。这条光谱带集中在2.7微米的波长上，深处红外区域，人类的眼睛看不见。这一波长范围对应氢和氧之间的能量键，这意味着贝努表面存在水！我们的假设是像贝努这样的小行星可能会为地球海洋带来水，这一假设立即得到了证据支持。

“中红外波段呢？”我问道，指的是观察小行星辐射热量的配套仪器。

“也有好消息，”他们答道，“中红外光谱显示了强有力的黏土矿物证据。”

这真是个好消息。这些化合物直接将水纳入其晶体结构中。在太阳系早期历史中，这些水以冰的形式存在，凝结成雪花和原行星盘中的冰壳。在地球所在的太阳系内圈，冰是不稳定的，除非天体被保护性大气层包裹。为了将水带到地球，它需要被锁定在一种可以在贝努表面炽热高温下保持稳定的矿物中。黏土矿物能够束缚水分，使贝努小行星能够在远高于冰或液态水稳定存在的温度下保留水分。

“真是科学上的重大发现，”我说道，“看来贝努正是由我们计划收集的那种物质构成的。”

那天晚上，我独自坐在后院的天台上，仰望星空，感受着当天科学发现的重要性。8年前，我在为向NASA提交的提案撰写结语时，曾承诺我们将提供“从太阳前历史到行星形成初期，再到生命起源的前所未有的知识”。贝努那被水浸透的表面让我认为，我们或许真的可以兑现这一承诺。

✦✦✦

两个月来，OSIRIS-REx一直以1 100英里每小时的惊人速度向贝努疾驰而去。如果它不减速，就会直接飞过目标。为准备首次减速机动，探测器点燃了主引擎，从而将一层催化金属加热到极高温度。

一旦引擎达到数千度左右的高温峰值，探测器就会打开控制阀门，将肼火箭燃料送入通往主引擎的管道。当燃料接触到热金属时，会立刻爆炸。高压气体穿过4个引擎的喉管，从喷嘴喷出。

在11分半钟的时间里，飞船在500磅燃料燃烧释放化学能量的过程中剧烈颤动，使其速度降低了每小时785英里（约每小时1 262千米）。在接下来的6周里，OSIRIS-REx又3次点燃发动机，每次都稍微减速一点。在贝努的微重力场中，即使是微小的力量也可能使探测器偏离目标。但OSIRIS-REx保持了稳定。

每天，我们都离贝努更近了一点。10月底，我们达到了成像的一个重要里程碑。我们使用一种叫做超分辨率算法的方法，将8张图像合并在一起，生成了迄今为止分辨率最高的小行星视

贝努的高分辨率图像（美国航空航天局/戈达德太空飞行中心/亚利桑那大学供图）

图。在这些照片中，贝努扩展到了100个像素。

坐在几乎空荡荡的德雷克礼堂里，我石化般地[1]盯着笔记本电脑屏幕上的一张照片。即使在这种粗略的分辨率下，我也能看出贝努更像龙宫，而不是我所希望的样子。它的表面显然非常岩石化，崎岖不平，遍布巨石嶙峋的区域。我找不到一块光滑的区域。

“该死。”我咕哝道。

埃斯特尔从她的笔记本电脑上抬起头来，她一直在后面默默地工作。“怎么了？”她问道。

“你不想知道的。”我轻声回答道。

很快，埃斯特尔坐到我旁边的座位上。我放大了图像，直到贝努填满整个屏幕。我用手指戳了戳小行星，说：“这就是问题所在。”

埃斯特尔眯起眼睛看着照片。“沙滩在哪里？”她问道，“你说过会给我们看一个沙滩的——那它在哪里呢？”

“也许在小行星的另一边，”我深深叹了口气说，“让我们把剩下的数据下载下来看看。”

剩余的数据确实带来了一些乐观的理由，即我们已经精确确定了小行星的形状、直径、自转速度和极点位置。但也有一些惊喜。第一个惊喜与贝努南极附近那块显著的巨石的大小有关，这是地基雷达数据中唯一显现的巨石，也是我们推测存在于地表的

1　直译为“石化般地”，在这里形容作者看到照片时的震惊和无法言语之感，就像石头一样静默无声。这种沉默通常带有一种压抑的情感或震撼。

唯一一块这么大的巨石。

我们将这一特征命名为"Benben"，以纪念埃及神话中从原始水域升起的岩石，也是创世之初贝努鸟的栖息地。根据雷达数据，我们估计它大约有33英尺高。但新的航天器数据表明，这块巨石的高度接近130英尺。不仅如此，随着成像分辨率的不断提高，我们开始看到贝努表面覆盖了2 750块我们最初估计大小的巨石——而且没有一处沙滩。显然，小行星上不存在开阔、无障碍的着陆带，将探测器安全送达表面将比我们预想的复杂得多。

✦✦✦

经过两年的追踪，猎人终于到达了猎物面前。探测器之前的机动操作展示出了强大的力量，消耗了数百磅火箭燃料。但在最后的接近过程中，探测器则像猎鹰一样灵巧地移动，启用精确的推进器，8秒钟内仅消耗了3盎司的燃料。现在，其速度以几英寸每秒计算。

OSIRIS-REx在贝努上空飞行，其相机通过反应轮稳定下来，来回扫描下方崎岖多石的表面。与任务控制中心的通信至关重要，因此航天器保持将天线对准地球。当它感受到贝努引力的拉扯时，其发射的无线电频率会发生轻微偏移，就像鸟叫声渐渐远去一样。

在16天内，探测器在贝努表面翩翩起舞，以快速而精确的动作滑翔。在三次飞越北极后，它沿着赤道飞行，然后俯冲至南极。

地球上新年到来之际，OSIRIS-REx冒险靠近贝努，足以被其引力捕获进入轨道。为了抵消太阳风的恒定推力，OSIRIS-REx在昼夜分界线处定位。在这里，阳光的力量与贝努引力之间的平衡使航天器能够在同一平面内保持轨道。它以缓慢的速度环绕着小行星飞行，绕行一圈需要60小时。在这种稳定的配置下，探测器的未来路径是可预测的，就像一场精心编排的舞蹈。

在地球上，任务控制中心的我们爆发出欢呼声，庆祝这一创纪录的壮举。OSIRIS-REx以蜗牛般的速度绕着小行星移动，这标志着人类的一大飞跃。此前从未有来自地球的航天器绕如此小的太空物体运行。现在，OSIRIS-REx正在距离贝努中心大约1英里的轨道上运行，比任何其他航天器更接近其研究的天体。这种短距离对于保持航天器与贝努的锁定是必要的，贝努的引力仅为地球引力的百万分之五，相当于国际空间站上宇航员所感受到的加速度。

由于我们进入了全新的操作领域，OSIRIS-Rex在接下来暂时由导航员操作。在接下来的两个月里，他们将专注于航天器，不再受那些急于扫描自己所喜爱的巨石的科学家的干扰。创造新的世界纪录是有代价的。OSIRIS-Rex进入了前所未有的地形，来自太阳、贝努和太阳系深处的未知力量推动着OSIRIS-REx。导航员需要时间来精确校准所有这些天体的影响，并将它们纳入轨道模型。我们的目标是让OSIRIS-REx在贝努的轨道上保持到2月中旬。之后，下一阶段的科学任务将开始，那时候团队已经得到了充分休息并做好了准备。

贝努有其他计划。

一周后，科学团队在图森聚集，我站在礼堂前的讲台上总结我们最新的成果。突然，我听到右边传来一阵惊呼。转头一看，我发现声音来自卡尔，并对他投以询问的目光。他的回应是睁大眼睛并指着他的屏幕。我迅速宣布中场休息，然后快步走向他。当我看到屏幕上显示的场景时，我的嘴巴张开了。

贝努的表面刚刚发生了爆炸。

礼堂里一片寂静，尽管有100多名OSIRIS-REx团队成员在场。

那是一张NavCam拍摄到的图像。贝努由于曝光过度，在图像右下角呈现为一个巨大的白色模糊光斑。这张照片是用长时间曝光拍摄的。导航员为进行三角测量，会定期拍摄这样的照片。通过5秒的曝光时间，这些图像能够显示出宇宙背景中暗淡的星星。就像几个世纪前的海洋导航员一样，他们依靠星星来计算航天器在太阳系中相对于地球、太阳和贝努的位置。

“我在为通信团队翻看一些最近的照片，就看到了这个。”卡尔用手指戳了戳屏幕，围着小行星边缘的一簇光点圈了一圈。“我当时的第一反应是，‘嗯，我不记得有那个星团’，我注意到它只是因为那里有200个光点，但那里应该只有大约10颗星星。”

“你确定这不是某种天文上的错觉，就像上个月那样吗？”我回应道。指的是上个月所经历的让人心惊胆战的几个小时，因为一些成像故障让我们误以为贝努有一颗卫星。

卡尔的表情变得更加坚毅。他调出了一张7分钟后拍摄的第二张NavCam图像，然后将两张图像来回闪烁切换。他再次指向屏幕。果然，那些光点还在，并且明显是从小行星边缘向外辐射的。贝努正在向太空喷射尘埃颗粒。

首先，我们发现这颗小行星表面布满了巨石——现在它的表面竟然发生了爆炸？这并不在计划之内。愣了片刻后，我向卡尔提出一个问题："我们知道这个事件的原因吗？"

"今晚我们要忙了，"卡尔回答道，"目前原因不明，但我们会立即开展调查，并提出一些假设。这可能与贝努接近近日点有关。"他指的是小行星在轨道上最接近太阳的位置。

第二天早晨，团队再次聚集在一起。会议室前面的屏幕上投射出议程，标题赫然写着：

CSI 贝努[1]：留在轨道上是否安全？

一夜之间，3个独立小组完成了撞击概率评估。虽然其中一个小组将他们的分析称为"地狱半球壳"[2]，但3个小组都得出了相似的估计结果：在轨道上每月发生一次撞击的概率不到1%。鉴于航天器和任何潜在卫星都像乌龟一样行动速度缓慢，航天器面临的风险似乎微乎其微。

1　"CSI Bennu"这个短语是对美国电视节目《犯罪现场调查》（*CSI: Crime Scene Investigation*）的引用和模仿。在这个情境中，"CSI Bennu"意味着像调查犯罪现场一样，对贝努小行星进行详细的科学调查，以确定继续留在其轨道上是否安全。

2　这是一种夸张和形象化的表达，用来描述分析中的某个模型或情景，意味着这种情况非常复杂或充满挑战。

我得出结论，这些颗粒不会危及航天器的安全。微重力环境再次让我们产生错觉。看起来像是一次剧烈的爆炸，实际上只是相当于饼干碎屑从裂开的饼干上掉落。此外，这似乎是一次性事件，也就是说，不太可能重复发生。探测器将保持在当前轨道上，同时进一步评估与这些物体发生撞击的风险。由于没有足够的证据表明存在威胁，我们不能叫停任务，否则这只会将任务进度推迟数周。

从长远来看，我们需要决定如何从现在开始的两周内，通过其他仪器增强观测效果。导航团队原本梦想的轻松悠闲的Orbit-A已不复存在。他们曾经希望在没有科学团队干扰的情况下练习飞行，现在却发现自己处于紧张的操作模式中，周围充满了不确定性。

新的观测一开始，我们就看到贝努再次爆发了。这次颗粒喷射事件与第一次类似，颗粒仍然很小——这次像高尔夫球那么大——而且移动缓慢。对OSIRIS-REx的威胁可能没有改变，但我的压力水平达到了历史最高。

几乎像钟表一样准时，两周后贝努发生了第三次喷发，为我们提供了额外的数据，以弄清楚到底发生了什么。这3次爆炸都发生在不同的位置，第一次在南半球，第二次和第三次在赤道附近。3次爆炸都发生在贝努的傍晚时分，而且都不足以损坏OSIRIS-REx。

贝努有一个动态的环境，它像爆米花一样爆裂！一次大规模事件会释放出大量颗粒，有些会迅速飞入星际空间，其他的则缓慢地在贝努上空游荡数天，然后重新撞击表面。这令人着迷，完全超出了我们的想象。我们是历史上第一批近距离观测活跃小行星的人。最初看似危机的事件最终演变成了科学上的好奇心。

我们提出了三种工作假设，即喷射事件的可能机制：流星体撞击、蒸汽释放和热应力断裂。

流星体撞击在贝努所在的深空邻域很常见，事实证明，贝努每天至少会被能量相当于我们观测到的逃逸颗粒的物体撞击一次。很明显，这些微小的太空岩石碎片很可能撞击贝努，并在撞击时像片状碎片一样震松颗粒。由于小行星的微重力环境，不需要太大力量就能将物体从贝努表面发射出去。这些事件发生的时间也与流星体撞击的时间一致。就像虫子撞到挡风玻璃上一样，我们预计大多数撞击会发生在小行星围绕太阳运行时的前端，正如观察到的那样。

水释放也可以解释小行星的活动。当贝努的含水黏土被加热时，水可能会开始从晶格中逃逸并产生压力。蒸汽在裂缝和孔隙中积聚可能会扰动表面，导致颗粒和气体喷发。这样的微彗星爆发可能代表了曾经更加活跃的系统的最后的活动迹象。

第三个假设是热应力断裂现象。贝努的表面温度在其4.3小时的自转周期内变化剧烈。虽然在夜间非常寒冷，但在白天小行星表面会显著升温。岩石在受到阳光加热时膨胀，夜间冷却时则会收缩。因此，岩石可能开始开裂和破碎，最终可能导致颗粒从表面喷射出来。有人调出了一段加利福尼亚研究小组拍摄的视频，这一理论立即引起人们的关注。在2014年8月夏季最炎热的日子里，他们目睹了加利福尼亚的一个花岗岩穹顶自然剥落，出现大量裂缝，发生了岩石喷射，有一块重达18 000磅的岩石片直接被弹入空中。

但自然界现象往往并非总能以简单的解释来概括。可能不止一种机制在起作用。热应力断裂可能促进了脱水过程，这使得流星体更容易将表面物质切割成小块并抛入太空。

在缺乏更多数据的情况下，我们无法进一步缩小这些假设的范围。很明显的是，贝努是一个充满科学惊喜的动态世界。这些颗粒喷射事件表明，其表面在不断翻新，从而露出下面的新鲜物质。我们的主要目标是带回太阳系诞生之初的原始物质，这种表面的不断翻新意味着我们追寻的原始有机物很可能未受长期太空暴露的影响。看来，生命起源的秘密很可能就藏在其表面，等待我们去发现。

在接下来的8个月里，我们观察并追踪了300多次颗粒喷射事件。我们观察到了600多个颗粒在小行星周围飞舞，当初我们还为发现哪怕一颗自然卫星而发愁。不过，绝大多数颗粒不到1英寸大，移动速度与航天器相当，像甲虫在地上爬行一样慢。平均每天有1～2个颗粒被弹起，其中大部分物质又落回到小行星上。在观察到的颗粒中，有些具有亚轨道轨迹，悬浮数小时后再降落，而其他颗粒则会飞离小行星，进入自己的绕日轨道。有一次，我们追踪了一个颗粒绕小行星飞行了近一周的时间。探测器的摄像机甚至记录到了一次反弹：一个颗粒落下，撞到一块巨石，然后又回到了轨道上。

贝努简直就是在投出曲线球——即使这些颗粒移动得太慢而不会对航天器造成伤害，这对我们未来的旅程来说可不是好兆头。

我想知道，这个狡猾的小行星还会给我们带来什么样的惊喜?

在等待答案的同时，我们该把注意力转回到挡在我们面前的巨石上了。

当喷射出的颗粒从危机变成了酷炫的科学实验时，我的思绪集中在一个问题上——样本采集地点的选择。我们的初步调查数据仅提供了潜在可采集地形的位置线索，高于预期的巨石密度意味着我们的样本采集计划需要调整。原始任务概念基于一个无障碍因素的样本采集地点。然而，由于地形出乎意料地崎岖，很明显贝努上不存在这样的安全区域。我每晚都熬夜，伏在电脑前，仔细研究从探测器传回的每一张图像。我开始识别出一些可能相对平滑的地形区域，这些区域最多只有30英尺宽，大多数地点的面积只有这一半。更糟糕的是，这些小特征在我们当前的数据中几乎看不见。我感觉就像是在没有戴眼镜的情况下研究地图，费力地眯起眼睛，试图把一切看清楚。

我再次回到我的决策三原则:可交付性、安全性和采样能力。根据我们目前的能力，我们需要找到至少160英尺（48.768米）宽的开阔沙质风化层区域。对表面的初步观察让我相信，贝努上不存在这样的区域。到这个阶段，我的评估结果是：最宽的无障碍区大约比我们计划的要小十分之一。

我们不得不提高任务的投递精确度，以瞄准那些位于巨石之间的小采样点。我们需要从使用激光进行触地取样切换到更精确的靶心取样。阿林同意现在是时候召集软件团队来解决这个问题了。我们终究还是需要用到自然特征跟踪技术。

插曲
碳暴露

那个流浪的碳原子被困在它的碳酸盐矿脉中，心满意足地永远留在那里。然而，小行星带充满了由巨行星引力场搅动引起的狂乱运动。大多数时候，它们在太空中漂浮，彼此相距数百万英里。但偶尔会有两个天体处于直接碰撞的轨道上。

载有流浪碳原子的小行星形成35亿年后，被木星发射的另一个天体击碎了。由此产生的灾难性破坏将这些古老的世界分裂成无数碎片，从微小的尘埃颗粒到巨大的巨石，大小不一。在混乱中，碳酸盐矿脉仍然完好无损。

被埋藏了数亿年后，它突然再次暴露在深空的严酷现实中。它从两块保护性岩石之间露出，在一片小行星碎片云中翻滚旋转。就像灯塔一样，这种明亮的白色矿物每当捕捉到阳光的一瞥时，就会将光线反射回太空。

随着碎片减速、停止并改变方向，碳原子再次感受到熟悉的引力牵引。它们在其周围坍塌，形成了一个旋转的碎石堆，拥有足够的自引力使其保持在一起。流浪的碳原子再次漂泊，被包裹在一个新的世界——小行星贝努中。阳光加热小行星的表面，产生了一股微小的推力，将它送入内太阳系。当这个碳原子接近那颗名为地球的璀璨蓝色星球时，它感知到了它那久违的双胞胎兄弟。

第十一章
六月的疯狂

2019年年初，OSIRIS-Rex探测器离开其轨道，对贝努进行了全面勘测。之前的飞行都是做初步检查，为操作规划提供了足够的信息。然而，这次任务的重点是科学研究，我们的目标是绘制出有史以来分辨率最高的天体地图，包括地球在内。

OSIRIS-REx探测器在贝努小行星周围以前所未有的精确度和控制力移动，通过超热燃料喷射来执行急转弯和抵抗引力。探测器像蜂鸟一样敏捷轻盈，在太空中上下、前后飞行，轻松实现瞬时启动和停止——这是一次优雅而协调的太空飞行。

探测器每周进行一次，共进行了14次这样的全面扫掠飞行，使其能够研究不同纬度和一天中不同时段的地质特征。表面上的巨石投下长长的阴影，显示出破裂和碎片化的状态。陨石坑是小小的凹坑，证明了持续不断的宇宙轰击正在慢慢瓦解这些旋转的碎石堆。每一条信息都被认真地传回地球进行分析。它收集的数据不仅具有科学突破性，而且美得令人窒息。

夜复一夜，我仔细研究着从深空传来的信息。每收到一份数据，我内心的不安就越发强烈。尽管数据质量得到了改善，但大多数数据仍然只显示出巨大的岩石。这些数据揭示了极其复杂的地形，让我对将我们精美的探测器送入这片混乱之地深感畏惧。我们真的能找到一个合适的采样点吗?

即使（或当，我强迫自己使用积极乐观的字眼）工程师们解决了精确取样的挑战，当TAGSAM采样头接触贝努表面时，也必须在安全区域进行。我们最不希望看到的就是虽然成功接触表面，但探测器却因此受损，以至于我们无法将其带回地球。此外，采样地点必须包含丰富的卵石和沙粒大小的颗粒，以便TAGSAM能够收集到2盎司（约56.7克）或更多的风化层。

在发射前，工程师们开发了一种纯数学的方法来寻找贝努小行星上的“理想采样点”。他们的算法生成了一个他们称之为“藏宝图”[1]的产品。这个藏宝图算法纳入了表面倾斜度和平均粒径等变量。当然，确定粒径大小是个难题，因为我们现在知道，热数据并不能提供准确的测量结果。在那个时候，我们发现TAGSAM能够吸取的贝努颗粒，只有那些我们看到从其表面爆炸出来的那些。这些宇宙“子弹”的大小正合适，让我稍感宽慰。至少我知道它们确实存在于某个地方。

当我为贝努的最终挑战而苦恼时，地球另一边的同事们正在

---

1 指在 OSIRIS-REx 任务中用来识别和定位小行星贝努表面特定区域的工具或地图，旨在帮助科学家找到最佳采样地点，就像寻宝一样。

推进他们自己的小行星任务。日本的隼鸟2号航天器在小行星龙宫上进行了首次采样尝试。当航天器的采样器触及小行星时，一颗小“子弹”被射入隼鸟2号的表面，由此产生的弹射物质被一个漏斗状装置顶部的捕集器收集，并引导至返回舱中。整个交互过程仅持续了几毫秒，这让我们的5秒采样时间显得非常漫长。

我们聚集在德雷克大楼，观看日本的朋友在太阳系另一端执行这一精细操作，那是他们的揪心时刻。即使我目睹过数十次这种类型的操作，每次都感觉像第一次一样紧张。火星观察者号、极地着陆者号、创世纪号、菲莱号和隼鸟号的失败画面浮现在我脑海中。我鼓足勇气，准备再次目睹一群朋友在残酷的太阳系中遭受失败。

然而，这次一切都非常顺利。从探测器传回的初步数据显示，龙宫的样本已被安全地存放在探测器上。当得知这一消息时，我全身仿佛被一股电流穿过，同时充满了纯粹的喜悦——终于有人攻克了小行星采样的挑战。这一概念得到了验证，我的朋友们成功了。我的脸上露出灿烂的笑容，环顾房间，每个人都在欢呼和击掌庆祝，为人类取得这一胜利而感到骄傲和兴奋。

幸运的是，隼鸟2号在采集样本时，拍摄到了小行星龙宫的一些令人惊叹的图像。显然，探测器的接触使得龙宫表面释放出了一些颗粒。至于这些颗粒是由于着陆的物理行为、推进器的喷射、发射的子弹还是这些因素的共同作用，目前尚不清楚。但有一点我非常确定：这对OSIRIS-REx在贝努上的任务来说是个好兆头。

当我们研究隼鸟2号的数据时，很明显采样事件改变了小行星的表面。阿林始终保持警惕，担心隼鸟2号的后退推进器已经改变了表面。他推测，要么是后退推进器吹走了“被阳光晒伤”的表层，露出了下面较暗的风化层；要么是肼燃料与表层发生了反应。他特别关注我们的匹配点演练（在TAG之前的最后一个机动步骤，我们将接近到距离贝努约100英尺的地方），确保不破坏贝努的“原始”表面。我们最不希望看到的就是在采集样本前污染了采样点。

我联系了日本的同事，请他们发送一些演练的数据供我们审查。当我们浏览这些图像时，发现推进器不仅改变了表面，还导致一些巨石从撞击点滚开。阿林致力于全面研究我们探测器可能产生的影响，这可能导致我们重新设计演练策略。

在隼鸟2号任务成功的五天后，我们召开了采样点选择委员会的首次正式会议。与会人员包括科学、TAGSAM、航天器和导航等领域的代表。来自戈达德太空飞行中心的阿林也出席了会议，还有来自NASA总部的观察员。这20人的任务是就贝努上最佳的采样地点达成一致意见。想象一下，两个人决定去哪里吃晚餐都那么困难，你就能理解接下来即将出现的混乱局面了。

虽然我通过初步调查数据和直觉发现了一些可能的地点，但工程师们坚信他们的“藏宝图”算法将引领我们发现科学的金矿。“藏宝图”算法基于使用小行星形状模型寻找平坦区域的概念，这个模型使用一系列三角形面片来模拟小天体的形状。分辨率越高，需要的面片就越多。在我们探索的当前阶段，输入的数据显示，“藏宝图”算法在小行星表面识别了20个地点。当然，这些地点中肯定有一个是我们理想的采样地点。

但我的兴奋感很快就消失了。在形状模型上，这些地点看起来很不错。它们被小三角形所覆盖，每个三角形都几乎与其他三角形平行。但要真正确定它们是不是良好的采样地点，我们需要查看实际图像。计算机模型只能带我们走到这一步。我们逐一查看了“藏宝图”上的每个地点。这感觉似曾相识。我已经研究这片地形好几个月了，每晚都在熬夜等待航天器从太阳系传回的观测数据。这些地点看起来都很糟糕。每一个地点都被巨大的岩石覆盖，许多岩石的直径都超过3英尺，是TAGSAM能摄取的最大颗粒的50倍。形状模型对“藏宝图”算法来说实在是太粗糙了。

当我们浏览完最后一张图像时，很明显我们将在没有确定任何潜在采样点的情况下结束这次会议。我环顾房间，看到委员会的每个成员都得出了同样的结论。时间在一分一秒地流逝，导航员们迫切需要得到指导。我们需要为他们提供一些示例地点，以便他们开始详细规划一系列复杂的机动操作，确保探测器准确、安全地降落在表面。然而此时，我却没有什么可告诉他们的。

解决之道是号召全员行动起来。我向整个团队发出了指令。不单单是科学团队，而是整个团队。我告诉他们要开始仔细审查每一项数据。我最有价值的线索仍然是自己通过仔细研究数百张贝努表面图像所发现的那些地点，我知道我们可以利用集体力量做到同样的事情。尽管“藏宝图”失败了，不过现在我们要试试传统的人类直觉。毕竟，地球上没有比人类大脑更强大的计算机。

每个人都充满热情地投入到这项任务中。许多人效仿我的做法，开始一张接一张地查看每一次详细勘测活动传回的图像，确定了十几个额外的位置。然后，我们面向公众，开始在CosmoQuest网站——一个由对行星探索感兴趣的公民科学家社区——上发布数据。热情的用户对整个小行星进行了系统的视觉检查，又发现了十多个可能的位置。我们还训练了一个机器学习算法来找出因人为错误而遗漏的区域，并发现了更多的可能地点。6周后，即4月中旬，我们在贝努上确定了50个可能的采样点。

当我将列有50个潜在采样点的名单发送给科学团队时，成员们的士气大受打击。科学团队本来预期只需要为12个地点编写详细报告，这在他们的能力范围内。现在，如此众多的数量让他们不知所措。

“我们到底该怎么做？”一位成员在聊天室中问道。

“如果我理解错了，请指正，但这个计划无非是我们根据直觉来判断，判断我们在哪个地方可以顺利进行采样，以及获得2盎司样本的概率有多大，”另一位成员插话说，“而‘那个地方’是指什么？是一个尽量排除所有可见岩石的圆圈吗？”

担任我们科学团队负责人的迈克·诺兰试图缓解大家的担忧：“我认为这项任务是要筛选出那些可能误导我们的地点，比如说，除了中间那块大石头，其他看起来都是很平滑的地点。现在的目标是缩小需要进一步测量或建模的地点范围。同时，我们也对这些地点越来越熟悉，我认为这很重要。很多人现在都已经看过小行星的表面，我有理由相信所有可能的地点都在这个名单上了。

请大家看看这些建议的地点，并根据你们的视觉检查对其进行‘交通信号灯’分类：绿色、黄色、红色。下个月的委员会会议上，我们将对它们进行排名。”

当NASA的总部代表发言时，我的不安感急剧上升：“整个系统似乎都基于人的直觉。这个过程需要具体，尽可能量化……并且要有记录。记住，你们必须在总部的副局长面前为自己的决定辩护。根据我目前看到的情况，我想他会把你们赶出房间的。”

在这种混乱的指导下，采样点选择委员会在5月初召开，筛选我们的选项。在漫长的10个小时里，我们逐一审查了名单上的50个地点。当着陆地点在屏幕上出现时，每个委员会成员都会投票表示红色、黄色或绿色。只有12个地点被标记为红色。即便如此,委员会成员仍然拒绝将它们完全排除在考虑范围之外。他们陷入了分析瘫痪的状态。

我走回办公室，心情变得更加焦虑。委员会所做的只是对地点进行个人分类，而没有任何指导方针。我们需要的是一个经过深思熟虑、记录在案的方法，而不是这种随心所欲的投票。由于这个决定被视为任务的关键，NASA总部非常关心我们的进展。事实上，我计划在两周后向NASA的高层领导进行汇报，但现在根本没有信心在他们面前为这种方法辩护。

我彻夜难眠，辗转反侧，心里极度紧张和不安。显然，我需要把控这种情况。我们需要一个了解太空飞行现实以及我们所做决定重要性的人。我决定求助于希瑟，她是我所知的唯一能给团队带来纪律和组织性、帮助我们走出当前困境的人。

火箭发射对许多团队成员来说是一个自然的转折点。他们中的一些人只是单纯喜欢建造航天器，另一些人因他们的努力而获得认可，并在其他地方获得了高薪职位。有些人只想在高峰时期离开，埃德就属于这种情况。埃德的职业生涯即将结束，他在过去取得了许多值得骄傲的成就，现在他希望能过上轻松悠闲的生活。

埃德离开后，我决定提拔希瑟为副首席研究员。起初，这一提名遭到了NASA的强烈抗议。

"她不是科学家！"他们喊道。

"没有博士学位，她怎么能担任副手？"他们抱怨道。

"拜托，她只有一个工商管理硕士学位。"他们轻蔑道。

但我最不需要的就是另一个科学家。这项任务中已经有太多科学家了，他们陷入了犹豫不决的困境。而且科学方面的工作我已经掌控住了。

我不再满足于等待这个委员会为我提供一组范围更小的候选地点，于是，我让我的另一位得力干将——丹妮，让她的团队整理一份当前所有采样地点的目录。在接到任务时，丹妮眼睛一亮，露出灿烂而真诚的笑容。她一如既往优雅而坚定地接受了这个挑战，这正是她在追求科学之路上所展现的优秀品质。

丹妮的团队开始进行详细的测量工作，目标是尽可能多地测量岩石的大小。虽然当前的分辨率无法让我们看到TAGSAM能够收集到的1英寸大小的颗粒，但至少可以看到比这大10倍的颗粒（大约10英寸，约25厘米）。更重要的是，我们能够清晰地辨别出哪些区域没有这些大颗粒，这些区域在图像中看起来“模糊不清”，意味着它们通常没有明显的特征或边界。如果这些区域有细小颗粒，那么它们看起来就会是这样的。

我翻阅着结果目录，很明显我们在这些地点上浪费了不少时间。许多地点都被太大的巨石覆盖，TAGSAM无法收集这些巨石。我召集了两位关键团队成员——安贾尼·波利特和卡琳娜·贝内特，帮助筛选这些地点。安贾尼是我们的系统工程师，负责确保任务达到要求。卡琳娜是一位顶尖的软件工程师，负责将目录中的所有图像进行编制，并领导了岩石计数工作。目前，没有人比她更了解这些数据。

“这件事到此该结束了，”我下令道，“我们3个人要把这50个地点全部筛选一遍，就我们3个人，将其缩小到一个可控的数量。”

我们迅速排除了那些至少有一半区域被院子般大小的巨石覆盖的地点。我们还移除了一些明显看起来不如其他邻近地点的位置。经过筛选，团队将范围缩小到一组优先级最高的地点，并给这组地点起了个特别的名字——“甜蜜十六强”（Sweet Sixteen）。

第二天，我和希瑟坐下来讨论和制定了一个策略。希瑟自信满满，认为自己能够组织团队围绕这些地点开展工作，并拟出一个可量化的、记录详尽的流程，最终找到首选的采样地点。根据我起的“甜蜜十六强”这个昵称，我们计划系统地从目前16个候选地点中逐步筛选，首先筛选到8个地点，然后4个，再到2个，最后确定出最佳的采样地点。

就这样，我们沉浸在自己的“六月疯狂”之中。几个月以来，我第一次睡了整整8个小时。我醒来时充满信心，准备好迎接这场比赛的开始。

接下来的一周，重新受到激励的采样点选择委员会召开会议。

“大家注意，”希瑟开始讲话，“我确信我们的采样地点就在‘甜蜜十六强’里。我们现在的任务是规划出一条通往‘最终四强’的路径，同时要减轻我们的犹豫不决给运营团队带来的巨大压力。”

我扫视着房间里的每张面孔，与每个人进行了眼神交流。也许只是我的想象，但当我与导航团队负责人目光交会时，我看到他眼中流露出一丝宽慰。

“导航团队需要为第一次侦察飞行确定一个明确的目标，”希瑟继续说道，“这些侦察飞行将是非常具有挑战性的航空特技。为了收集我们所需的详细信息，探测器需要实现一系列精确机动，以便直接飞到感兴趣的区域上方。只有这样，摄像机才能获得足够的分辨率，让我们判断那里是否存在可采样的物质。因此，导航员需要确切知道我们希望他们去哪里，他们需要尽快知道。到本周末，我希望剩余地点有一半被淘汰。现在是时候进入‘精英八强’阶段了！”

这个命令似乎让团队感到有些畏惧。他们对于确定一个特定位置犹豫不决，我们需要鼓舞他们的士气。“在此之前，”我补充道，“我有一个惊喜。你们有谁听说过皇后乐队吗？”

看到房间里大家困惑的表情，我就知道这种等待是值得的。

我一直保留着这个惊喜。

为了加深他们的困惑，我开始分发一套套鲜红色的立体观察器。这些被称为猫头鹰（Owls）的设备，是我小时候非常流行的View-Master玩具[1]的现代版本。通过插入一个包含一系列立体图像的圆形转盘，世界突然变成了一个三维的奇幻世界。

“事实证明，传奇摇滚吉他手布莱恩·梅（Brian May）也是一位著名的小行星科学家。他开发了一种使用猫头鹰立体镜3D观察器（Owl Stereoscope 3D viewer）查看小行星数据的系统，该系统可以和手机配合使用。而且……他为‘甜蜜十六强’中的每一个地点都制作了对应的立体图像。”

看到这些地点在三维中立体呈现，确实产生了很大的影响，这种视觉效果帮助团队更好地理解这些地点的实际情况，也让我们面临的挑战变得形象起来。我们的要求本来是彼此直接冲突的。安全标准要求小行星上有平坦的区域，而采样要求则需要大量的小颗粒，以便TAGSAM能够收集。当我浏览这些立体图像时，很明显这些小颗粒都集中在撞击坑中，这些小坑记录了贝努小行

1　View-Master是一种立体视觉玩具，最早在1939年由Sawyer's公司推出。它使用一种圆形的纸质或塑料盘片（称为“圆盘”或“Reel”），每个圆盘上有一系列立体图片。用户将圆盘插入View-Master观看器，通过观看器中的镜头观看立体图像。这些图像通过每只眼睛看到略有不同的图像，从而产生三维效果。View-Master玩具的设计非常简单，但效果十分惊人。插入圆盘后，用户可以通过旋转圆盘来观看不同的立体图片。这种玩具在20世纪中期非常流行，尤其是在儿童和家庭休闲中，被用来观看各种风景、卡通和教育图片。

星历史上的宇宙碰撞。不幸的是，它们都是碗状的，有着陡峭的墙壁，对探测器构成了相当大的风险。可行性方面并不理想——航天器团队仍在努力研究如何提高我们打中这些潜在采样地点的小靶心的准确性。受我们那位音乐界同行的启发，我们开始唱起“贝努采样地点蓝调”，希望在困境中找到某种慰藉或自得其乐。

几天后，委员会再次召开会议。考虑到所有潜在地点存在巨大的不确定性，希瑟指示他们对每个地点进行分类。我们都表示同意，最终的4个候选地点应该代表不同的地形类型。这种方法是一种对冲风险的策略，在4个截然不同的区域内设置标记。委员会将“甜蜜十六强”划分为三类：南部地形、混合的明暗区域以及深红色陨石坑。

南部地形的地点位于贝努的南半球，分布在布拉尔加（Bralgah）陨石坑的内壁上，这个巨大的撞击痕迹占据了贝努下半部分的主要位置。它的坑壁与小行星的其他部分有着明显不同的纹理，光滑的地形斑块与较大的岩石交错分布。我们在这个区域识别出的地点包括贝努上最平坦的一些区域。即使我们不得不瞄准一个有些巨石阻挡的地点，我们对探测器能够到达表面并安全撤离也有信心。我们或许只能收集到一些尘埃颗粒，但至少我们可以安全撤离。这里有3个候选地点，它们紧挨在一起，就像巨型盆地边缘的一串珍珠。

混合的明暗区域在科学上很有吸引力。贝努的表面因其明暗岩石的组合而引人注目。这些地点似乎很好地混合了这两种岩石类型，提供了采样小行星表面各种成分的最佳机会，从而让我们能够解开其地质历史。这一类别中有4个地点，其中一个迅速上升到名单顶部，因为它看起来相对安全，意味着在其附近没有巨大的障碍物。这也是我在去年12月初步调查时选择的地点之一。

这个地点的主要问题在于陨石坑中心的区域。该区域似乎是一个隆起，是月球和其他行星上更大陨石坑的典型特征。这个隆起导致的表面倾斜值被工程师认为是不安全的。该区域也比周围的物质暗得多，科学家们担心这一地区受撞击影响严重，导致其科学价值较低。当我听取委员会的讨论时，我看到了可能性。在丹佛的工作经验告诉我，工程师们总会给自己留出很大余地，即能力远远超过任务要求，以确保任务成功。而我只需要利用他们的这些余力，来解决当前的问题。

接下来是深红色陨石坑。作为B型小行星，贝努在望远镜下看起来是蓝色的。由于我们的大多数相机能够接收所有波长的光以产生最强的信号，因此它们拍摄出的图像都是灰色的。相比之下，MapCam有一组彩色滤镜，可以让我们看到贝努的斑斓色彩。我们可以依次使用这4种滤镜，观察到贝努呈现出不同的颜色：蓝色、绿色、红色和红外色。当丹妮将这种技术应用于深红色陨石坑时，它们从背景的岩石中凸显出来。通过结合颜色数据，丹妮能够揭示贝努表面的多样性。贝努上最暗、颗粒最细的物质，如这些小陨石坑中的物质，呈现红色。更重要的是，这些陨石坑群的大小范围与我们对过去10万年撞击时间的预测相符，这在贝努数十亿年的历史中不过是弹指一挥间。因此，这些小陨石坑代表了贝努表面最新鲜的地点，最近才被宇宙碰撞挖掘出来。当她展示结论时，我不得不擦掉下巴上的口水，表现出对这些地点的极大兴趣和紧迫感。我们必须进入其中的某个狭小空间。

为了比较这些地点，希瑟让委员会建立了4个定量指标。第一个指标是地点的总面积，因为面积越大的地点越有利于样本采集。接下来，他们查看了未解析物质的比例，这可以作为采样性（sampleability）的替代指标，直到我们能够获得更高分辨率的数据为止。出于安全考虑，他们量化了地点中心的倾斜度，这仍然是基于（在我看来）极度保守的方法。最后，他们查看了导航员的计算，评估探测器到达目标地点的可能性。

作为第一选择，我们重点关注了南部地形区域。由于它们位于陨石坑的坑壁上，相对平坦，因此其可达性和安全性得分最高。在这3个地点中，其中一个地点的巨石密度明显低于另外两个。凝视着这些场景，我想象着地质事件是如何形成这个位于布拉尔加陨石坑南部边缘的相对无危险的区域。一块巨石矗立在陨石坑边缘的顶部。看起来像是物质从坑壁上滚落并堆积在陨石坑底部。边缘顶部的那块巨石似乎挡住了这些物质，在壁上形成了一条相对无危险的类似跑道的带状区域，就像一个天体保镖阻止最大的石头进入该地点。

委员会选择了该地点作为首个详细侦察地点。随着它晋级到半决赛阶段，我们决定在此阶段不能再继续使用冷冰冰的数字编号来称呼这个地点。就像给贝努命名一样，为地点提供一个真正的名字会使其变得更真实。我们将“最终四强”以埃及本土的鸟类命名，因为贝努经常被描绘成埃及的苍鹭。由于它位于南部，我们希望它的名字以“S”开头，因此选择了“Sandpiper”（矶鹬）。最终，我们选出了八强，Sandpiper则直接晋级四强。

第十二章
四强

2019年6月12日，OSIRIS-REx再次迈向未知，打破了自己创造的最接近天体轨道的世界纪录。航天器俯冲到距离贝努表面仅0.4英里（约643.74米）的高度，标志着任务的新篇章——“轨道-B”阶段的开始。

OSIRIS-REx沿着晨昏线飞行，在贝努微小的引力和太阳风持续的推力之间进行精密的导航。在此阶段，航天器与地球保持了稳定的联系，深空网络天线如同守护者般追踪它的运动，测量其距离和速度。收集到的数据显示，航天器的飞行轨迹存在轻微摆动，使得我们能够追踪出贝努微弱的引力场。该引力场反映了小行星的内部结构，揭示其核心密度低于外层，中心存在空洞。就像小孩骑在旋转木马上，离心力将物质从小行星的轴线推开。

当贝努在探测器下方旋转时，一个小型反射镜将激光束扫过其表面。只需一次脉冲，机载激光高度计就能拍摄到贝努表面上一块区域的三维快照，生成了一个动态的虚拟地形模型，供地球上的科学家们进行详细的探索和研究。任务初期，激光每秒收集100个数据点。而现在，距离贝努如此之近，其采样率提高到每秒1万个脉冲，以精细到几分之一英尺的分辨率覆盖了表面的地形图。随着扫描的进行，表面粗糙度的全貌逐渐清晰，高耸的巨石像废弃的摩天大楼一样散布在荒凉而古老的地形上。

看似很久以前，但实际上只是两个月前，由于形状模型的粗糙分辨率，“藏宝图”失败了。新的激光数据使我们将分辨率提高了200多倍。通过新的激光数据和改进后的分辨率，科学家们仅根据TAGSAM采样头下方的数据，就能计算出数十个不同的倾斜值。

我花了无数小时在虚拟空间中漫游贝努，陶醉于其每个角落和缝隙壮丽的3D景象。我穿越崎岖不平、巨石遍布的地形，欣赏着散布在其表面的锯齿状岩石。我深入由其他小行星和太空碎片撞击造成的陨石坑中。表面的多样性堪称地质奇观，我看到了贝努表面覆盖着反射阳光的明亮物质的区域，而其他区域则被阴影笼罩，看起来要暗得多。离开这个虚拟世界需要极大的意志力，但现在是时候回归现实了。

我自言自语道：“我们为什么等了这么久才得到这些数据？”

当然，原因在于我们采取谨慎的、循序渐进的方法构建了任务，逐步接近贝努。存在太多未知因素，让我们无法立刻进入深轨道。粒子喷射事件表明，这些旋转的碎石堆的行为并不符合我们的预期。毫无疑问，贝努还会给我们带来一些惊喜。

团队成员像一群饥饿的野兽一般吞噬和消化着这些新获得的

数据。这正是他们一直在等待的。有了这些信息，我们能够解决很多关于着陆点安全性的疑问。这里的“安全性”指的是倾斜度。我们最大的担心是探测器会以一定倾斜角度接触表面，而非垂直接触，从而导致探测器绊倒、翻滚或倾斜并撞上巨石。有两种方法可以解决这个难题。要么提高TAGSAM的精度，使我们能够瞄准尽可能平坦的位置，要么允许探测器与比原计划更陡的倾斜面接触。幸运的是，程序员们一直在忙碌，他们已将性能提升到60英尺（约18米）以内的准确性，比原设计提高了两倍以上。尽管这个值相对我们的采样点来说仍然很大，但也是一种进步。

我们将令人惊叹的地形图与对探测器制导能力更深入的理解结合起来，以决定最终选择的4个候选着陆点中的前3个。导航员们绘制了地图，以展示在每个剩余采样点成功进行采样操作尝试的可能性。这些地图很粗糙，每个地点上只散布着红色和绿色的点。每个点代表一次“蒙特卡罗”模拟的结果。顾名思义，这些计算基本上是机会游戏。OSIRIS-REx在下行到表面的实际路径将受到许多不同因素的影响，比如我们离开轨道的方向和时间、贝努引力场的细微变化，以及在接触前最后几秒钟推进器点火产生的推力。

我们只能在一定程度上考虑这些因素。每个变量都有一个相关的概率分布——本质上是每个未知量达到特定值的可能性，就像掷两颗骰子一样。最可能的结果是掷出7点。但我们需要知道，如果贝努给我们掷出两个1点（snake eyes）和掷出两个6点（boxcars）的情况会怎样——这些低概率事件可能会带来灾难性的后果。每次蒙特卡罗模拟运行，这些分布都是随机采样的，地图上的每个点都代表我们方程中每个变量的一个独特值组合。这些点被赋予了颜色编码：红色点表示着陆点的倾斜值超过了航天器的安全限制，绿色点则表示成功接触表面。

对于每个采样点，我们会给出4个数值：可达性（蒙特卡罗点中绿色点的比例）、采样点中心的倾斜度、未解析物质（我们假设是指小的、可供采样的颗粒）覆盖的百分比，以及科学价值（我们对物质含有富含水的黏土矿物和含碳有机分子的信心程度）。

可达性地图最引人注目。第一个采样点的地图上，在一片红色海洋的中心只有一个小小的绿色点簇。第二个区域的情况也好不到哪里去，绿色点的数量只占总数的1/3左右。当这些图像闪过屏幕时，我的心沉了下来。我们真的只有30%的概率成功到达表面吗?

接下来的两张地图改变了我的看法。第一张显示了当前探测器倾斜安全规格下的结果。采样点大约一半是红点,一半是绿点。然后，我们看到了假设我们能将倾斜要求放宽5度的结果。几乎每个点都是绿色的。我深吸了一口气。自从到达贝努以来，我们第一次有了明确的证据，显示如果我们能放宽这几度的倾斜要求，我们可以非常自信地预测与贝努的安全接触。

这些信息使得最终选择变得简单明了。NASA总部的代表在图森参加我们的审议，看到他们在每个讨论点上点头时，我松了一口气。到了当天结束时，我们做出了决定。除了之前选择的Sandpiper（矶鹬）[1]，我们还选择了贝努北半球一个深红色陨石坑内的一个采样点，我们将其命名为Nightingale（夜莺，英文首字母N代表北方）[2]。另外两个采样点位于贝努的赤道附近，是地表特征颜色不均匀，有浅色和深色斑点的区域。一个被命名为Kingfisher（翠鸟）[3]，另一个被命名为Osprey（鱼鹰）[4]。当我回顾这4个最终候选地点时，我不禁露出了微笑。夜莺和鱼鹰是我在8个月前借助贝努早期拍摄的模糊图像挑选出的两个地点。

矶鹬、鱼鹰、夜莺、翠鸟已被确定——我们的日程安排也锁定了。在接下来的5个月里，我们虽然身在地球，但心已经飞到了贝努，分析、讨论和梦想着小行星上那些加起来大约有一个篮球场大小的小片区域。

是时候快速进入半决赛，然后是锦标赛的决赛了。为了按计划进行，我们需要在12月初之前选出一个主要地点。安全性和可采样性评估将在四次侦察观测过程中逐步改进。这种不确定性意味着我们的安排仍然存在相当大的风险，我们不知道侦察阶段会揭示出什么。

这个阶段计划在10月开始。这给了我们两个月的时间喘口气，重新集结，并进行一些科学研究。毕竟，这些讨论的全部意

---

1 这个名字可能用来形容着陆点的地形特征，类似于矶鹬的栖息地。

2 用夜莺命名着陆点，可能是为了强调其独特和珍贵的性质，就像夜莺的歌声一样珍贵。

3 这个名字可能暗示着陆点的地形或颜色特征。

4 用鱼鹰命名着陆点，可能暗示其位置或特征与鱼鹰的习性有关。

义就是找到一个地方让TAGSAM采集一些科学宝藏。自从去年12月收到第一批光谱数据以来，我们就知道贝努是湿润的，主要由含水的黏土矿物构成。然而，最有价值的发现是碳——来自早期太阳系的原始有机物质。光谱分析再次发挥了作用，为我们提供了有价值的信息。

经过几个月的光谱数据汇总，我们获得了令人信服的证据，表明含碳物质广泛存在于小行星表面。与水类似，碳的化学特性在红外光的特定波长区域最为明显。挑战在于，它既存在于有机分子（生物中常见的碳形式）中，也存在于碳酸盐矿物（如在水槽周围形成的白色盐壳）中。随着分析的进展，我们得出结论，贝努上这两种物质都有。有机物质似乎无处不在，而最强的信号来自最暗的巨石。另一方面，碳酸盐矿物似乎集中在明亮区域。

这些碳酸盐为我们理解贝努上浅色和深色纹理交叉的区域提供了最终线索。随着丹妮和成像团队系统地研究贝努的表面，他们区分出了两种主要的岩石类型：一种是黑暗而粗糙的岩石，另一种是较少见的明亮而光滑的岩石。不仅巨石类型在视觉上有所不同，它们还具有各自独特的物理特性。热分析团队在探测器接近小行星时发现一些问题后，急于证明自己的价值，报告称那些黑暗的巨石质地脆弱且多孔，因此，它们的热特性非常像海滩上的沙子。这一令人瞠目的结果解释了为什么我们会被望远镜数据所迷惑。这些黑暗的巨石也是易碎的，这意味着它们很可能无法在穿越地球大气层的过程中幸存下来。一股激动之情涌遍我的全身——看起来，OSIRIS-REx可能会带回地球上任何实验室都从未见过的地外物质。

另一方面，那些明亮的巨石似乎更坚固且孔隙更少。这些巨石中含有碳酸盐矿物。这些盐类物质在裂缝和孔隙中沉淀，可能像水泥一样起到了加固巨石并减少孔隙率的作用。当所有数据汇集在一起时，我在任务初期于贝努上发现的一些特征开始变得合理了。尽管我过去8个月一直在关注这颗小行星，但从未对它感到厌倦。当我注视着布满巨石的地形时，它经常让我想起在图森附近的山丘徒步旅行的情景。我经常想象将TAGSAM放在小径上，收集脚下的沙砾和卵石。贝努上的许多巨石都有明亮的白色条纹，延伸超过1米长，厚度达几十厘米。我在亚利桑那州的沙漠中也看到过类似的条纹，它们也是由碳酸盐构成的。我想伸手触摸它们，用手指沿着它们光滑的条纹滑过，就像20年前卡尔顿让我在亚利桑那州立大学的地下宝库里自由探索时那样。突然间，一切都豁然开朗了。

贝努的岩石由黏土矿物、碳酸盐和有机分子构成。在地球上，这些矿物是在广泛的热液系统中形成的，滚烫的热水在数英里长的裂缝中沸腾，从中汲取元素，使岩石水化，并合成有机物质。尽管我们在陨石中有这些反应的确凿证据，但科学界的共识是，流体的流动仅限于显微尺度。如此微小的元素迁移无法解释我们在贝努上看到的特征。相反，贝努的母体小行星一定是一个巨大的对流泥球，循环流体长达数百万年，完全改变了原始的矿物学特征。尽管母体小行星早已被摧毁，但我们看到了那个充满水的星体曾经的样子。更令人兴奋的是，将其与地球上发生这一过程的地点——深海热液喷口——进行比较，这些水下间歇泉是近40亿年前地球上生命起源之地的主要候选地点。

我们如果能收集到贝努的样本，或许可以提供一个关键的缺失环节，以弄清楚地球上的生命是如何形成的。所以。我们必须将样本带回地球。

幸运的是，我们在这方面取得了进展。最终四强的选定会议给了我一线希望。一些蒙特卡罗计算的结果几乎每个点都显示为绿色，但正是那些几乎可能的结果让我开始纠结。放大看，很明显很多红色的点恰好落在巨石上。如果航天器接触到这些红色区域会发生什么？答案很明显：我们将遭遇与第一次隼鸟号任务相同的命运。

当我向阿林展示最终4个地点周围散布的巨石的最新图像时，他脸上显露出严峻而坚定的表情。

“给我点时间处理这事。”他说。

再次见面时，阿林看起来疲惫不堪但依然十分坚定。他瘫倒在椅子上，眼睛周围布满了黑眼圈。我能看出他彻夜未眠。尽管他疲惫不堪、压力重重，但他的紧迫感丝毫未减。

“在TAG期间，”阿林解释道，“OSIRIS-REx实际上位于太阳系的另一边。我们从航天器上获得的任何信息都已经失去时效性了。我们只是在重温它的过去，无法实时干预它。”

当我意识到这些影响时，艰难地吞咽了一下，尽管我早就知道这是事实。

“由于距离遥远和通信延迟，”他继续说道，“航天器将自主行动，没有我们的引导，我们需要给它一些工具来确保安全。”

“没错，”我回答道，“激光数据非常清楚地显示：虽然这些采样点都包含一些宽阔平坦的区域，但总是有一些足以摧毁航天器的巨石散落各处。”

“OSIRIS-REx需要变得更智能，以保全自身。”阿林总结道。

几周后，工程师们取得了进展。他们得出结论，可以通过一种称为“危险地图”的新功能来增强NFT（航天器导航技术）。这张地图需要在TAG之前很久就加载到航天器的内存中。在匹配点演练，也就是接触前的最后机动操作之后，NFT将继续计算探测器的位置并预测其正朝向的地表位置。我们将地表用颜色编码，红色区域表示危险，绿色区域表示安全区。如果航天器接近危险区域，它可以通过启动推进器撤退到安全地带，就像一名熟练的飞行员为了避免与航空母舰碰撞而巧妙地停止靠近一样。

“坏消息是，”他强调道，“正如我们在隼鸟2号采样事件中看到的那样，一旦我们撤退，探测器就会扰动表面。”

“如果OSIRIS-REx在接触前启动推进器，”我瞪大眼睛总结道，“那么我们可能会在地表炸出一个洞。”

“没错！”他回答道，“这意味着我们在任何地点只有一次采样机会。如果我们放弃采样，那么表面将被破坏，我们煞费苦心所描述的自然特征可能就会消失，我们的危险地图也会变得无用。”

“我记得，即使是最佳地点，放弃采样的概率也徘徊在20%左右。”我回忆道。

“确实如此。这意味着我们不能只关注一个地点。我们需要一个随时可以启用的备份，也就是第二地点，以防我们毁掉了第一个地点。”

“而且……”我继续缓缓道，“由于科学团队负责建立自然特征目录，这意味着他们的工作量翻倍了。”

跟阿林聊完后，我就给希瑟打了电话：“我们需要更多的人手、更多的时间和更多的资金来为这次TAG事件做准备。”

✦✦✦

我们进展得很顺利。工程师们忙着为OSIRIS-REx打造更强大的“大脑”。导航员们正系统地消除其轨迹解决方案中的不确定性，而科学团队则在字面上取得了实质性成果。然后，令人难以置信的是，我们的士气进一步高涨。除了升级NFT，工程师们还在不懈地努力放宽倾斜要求。

事后看来，答案似乎显而易见。真正保守的工程方式表明，他们计算探测器在接触时是否会翻倒假设了一个完全光滑的表面。我们称之为“香蕉皮”模型。在这样光滑的表面上，即使是最小的角度也会让航天器旋转。他们的模型忽视了摩擦力参数。一旦他们应用了这个基本参数，就得出结论，倾斜要求可以大大放宽。我本来希望他们能给我们多增加5度倾斜，结果新的计算超过了预计数值的两倍，增加了任务成功的可能性。因此，每张图表上的绿色点都显著增加。

在过去的4个月里，我们取得了长足的进展，似乎有了更多可接触的贝努表面区域。放弃任务的风险大大降低，特别是在最有希望的地点——矶鹬（Sandpiper），我们已经从50%的放弃概率降低到1%。任务进展顺利，我的压力也降低了，我甚至可以一觉睡到天亮了。

在这个阶段，OSIRIS-REx进行了一系列侦察任务，对最后四个采样点进行了扫描。探测器离开其轨道，仔细地调查小行星表面，寻找隐藏的信息宝库。每次飞越时，OSIRIS-REx都试图飞得更近，以捕获高分辨率图像。航天器就像一个警惕的哨兵，搜寻小行星上的危险信号或潜在的宝藏。在这些任务中绘制的地形特征和地标就像浮标和信标，引导OSIRIS-REx穿越小行星上浅而多岩的地形。利用这些信息，探测器的自主导航系统可以精确引导OSIRIS-REx到达目标采样地点，就像灯塔指引船只安全靠岸一样。

位于贝努南半球的矶鹬是第一个侦察目标。它之所以在早期就被选中，是因为我们认为它是贝努上最安全、最容易到达的地点。它看起来像是从巨大的布拉尔加陨石坑壁上延伸下来的一条长而平坦的跑道。尽管我们的直觉认为这是一个陡峭而光滑的斜坡，但在处理微重力时，我们不能依赖直觉，所需的只是改变视角以及改变OSIRIS-REx接近表面的角度。只要我们能沿着与表面垂直的路径下降，当地的重力场就无关紧要。重力场如此之小，我们只需用推进器将其抵消即可。

当航天器掠过该地点时，机载相机拍摄了数百张图像。数据

从 Recon A 探测器上看到的矶鹞采样点，视野宽度为 48 英尺（美国航空航天局 / 戈达德太空飞行中心 / 亚利桑那大学供图）

在接下来的几天内陆续传回，我焦急地等待着每一个数据。当我们凝视矶鹞点的最新照片时，新出现的、以前未解决的细节变得清晰起来。尽管存在细粒物质，但沙质风化层似乎被困在较大的岩石之间。这种可采样物质和潜在危险物的混杂将使 TAGSAM 的操作变得困难。有了这些新信息，放弃采样的概率升至近 30%，矶鹞点也不再是贝努上最安全的地点。

接下来的一周，OSIRIS-REx 飞越了鱼鹰点。当我们分析数据时，发现了一种强烈的富含碳物质的光谱特征，这正是我们希望获取的样本类型。此外，周围区域相对安全。导航员计算得

从 Recon A 探测器上看到的鱼鹰采样点，陨石坑直径为 66 英尺（美国航空航天局 / 戈达德太空飞行中心 / 亚利桑那大学供图）

出放弃采样的概率不到6%。我喜欢这个概率。然而，鱼鹰点的高分辨率图像显示，该地点可能散布着一些块头太大而无法被TAGSAM吸收的物质，这降低了收集足够样本的概率。这是一个几乎可以确保安全接触表面的地点，但样本似乎遥不可及。贝努又在跟我们开玩笑了。

翠鸟，是我们数千名忠实的CosmoQuest公民科学家最喜欢的采集点，也是第三次侦察飞越的目标。这个地点被选中是因为它位于一个小陨石坑中，这意味着它可能与贝努较大的陨石坑（如矶鹬所在的那个）比起来相对年轻。较年轻的陨石坑通常含有更

从 Recon A 看到的翠鸟采样点，这个小陨石坑的直径只有 26 英尺（美国航空航天局 / 戈达德太空飞行中心 / 亚利桑那大学供图）

新鲜的物质。新图像显示，虽然原始陨石坑可能因岩石过多而不适合OSIRIS-REx安全进行接触式采样，但邻近的一个小陨石坑似乎含有整个表面上最细小的物质。然而，它的小尺寸导致了与矶鹬采集点相似的放弃概率。

我意识到我们遇到了“金发姑娘”的问题。鱼鹰点安全且可达，但采样性存疑。翠鸟点有一大片非常细小的颗粒，但面积太小，我们无法安全引导航天器到达那个位置。贝努到底什么时候才能让我们省心呢?

最后一次侦察飞行的目标是夜莺点，它位于贝努北半球一个

65英尺宽的陨石坑中。夜莺点的风化层颜色较暗，陨石坑底部相对平坦。由于它位于如此靠北的地方，区域温度低于小行星的其他地方，因此预计表面物质保存得较为完好。它也是贝努上最红的陨石坑，表明它相对年轻，风化层刚刚暴露出来。这个地点可能会提供小行星的原始样本，让我们洞察太阳系历史的关键时刻。其宽广的区域和丰富的小颗粒使其获得了最佳的采样性评分。其光谱特征显示存在水合矿物和有机化合物的证据，因此具有最高的科学价值。当我查看激光数据时，因进展而口干舌燥。一块巨石矗立在陨石坑东缘。这个庞然大物有着尖锐的峰状轮廓，

从 Recon A 看到的夜莺采样点，这个陨石坑的直径为 65 英尺（美国航空航天局 / 戈达德太空飞行中心 / 亚利桑那大学供图）

简直就像是托尔金笔下的景象。我给它起名为“末日山”。

随着最后一批侦察数据落地，委员会于11月召开会议，就这一任务的关键决策向我提出建议。不论结果如何，是时候选出我们的冠军了。

委员会一致投票决定将翠鸟点和矶鹬点排除在考虑范围之外，夜莺点和鱼鹰点进入了冠军赛。这将成为科学与安全的对决。

在我心中，夜莺点显然胜出了。这次任务的核心是样本及其科学价值，而在这些方面，夜莺遥遥领先。不过，洛克希德公司的航天器团队和戈达德太空飞行中心的任务系统工程师有不同的想法。

希瑟召集董事会，各成员依次发言。导航员展示了他们最新的模拟结果。自从使用了危险地图，无论我们走到哪里，OSIRIS-REx与表面发生危险接触的概率都不到1%。它只需避开风险，重新进行采样，但代价是放弃当前地点，转向备用地点。他们计算出接近夜莺点时放弃的概率为18%，因为要避开末日山。鱼鹰点则保持在6%，成为工程师们的明确首选。尽管科学是目标，但NASA定义的最低成功标准仅仅是接触表面。

当投票结果出来时，我感到一阵紧张，于是揉了揉太阳穴。科学和采样性投票支持夜莺点。尽管我知道这一刻会到来，但当洛克希德公司和戈达德太空飞行中心的董事会成员都投票支持将鱼鹰点作为首选地点时，我还是倒吸了一口凉气。董事会陷入了僵局，决定权现在掌握在我手中。

在他们的总结陈词中，洛克希德高级管理层强调，当我们减少安全要求的裕量时，鱼鹰点是第一个符合要求的地点，这意味着它显然是4个地点中最安全的。工程师们喜欢保留裕量，而鱼鹰点让他们可以保留一部分裕量。此外，导航计算结果表明，鱼鹰点首次尝试接触的成功率最高，放弃任务的可能性最低。这是实现最低任务成功的最佳机会。新的NFT软件及其最近的危险地图升级正在取得进展，但它们仍在开发中。他们提醒我，不要在鸡蛋孵化之前数鸡，向我强调总有可能出现一些意外的漏洞，导致OSIRIS-REx最终实施的延迟。鱼鹰点是如此安全，他们甚至觉得即使没有危险地图，也对飞行到那里充满信心。

“该死的，贝努，”我低声咒骂，“你就不能让我轻松点吗？”

我请求希瑟休会。我需要时间思考。

如果我选择鱼鹰点，我们几乎可以肯定能够到达表面。然而，如果我们无法收集样本，接触表面又有什么意义呢？无论如何，我们都必须在夜莺点上再试一次。

最后，我遵从了自己的直觉。当我想到夜莺可能产出的惊人样本时，就感到极度兴奋和期待。从抵达的最初几天起，我本能地知道这就是我们的目标地点，就好像它在呼唤我一样。即使末日山就在一旁虎视眈眈，只要OSIRIS-REx稍有不慎就会将其击落，我也必须让科学引导我。当董事会再次召开时，我宣布了我的决定——我们将在夜莺点进行采样。

插曲
碳呼吁

安顿在地球上的那个碳原子加入核酸链中，从此地球生命史上出现了一个重要的事物：信息。这些信息掌控了物质和能量，指引着生命的流动，带来了力量、动力和目标。随着时间的推移，信息量不断增长，复杂性也日益增加，发展出了记录、回忆、复制和迭代的机制。每一代都比上一代有所改进，极大地改变和丰富了这个星球。

碳原子在生物圈中穿梭了数十亿年，参与了生物学上最伟大的发明。它始于化能合成作用，从岩石中提取能量和营养物质。它发明了固氮酶，从大气中汲取养分。通过光合作用，它利用了阳光的能量。

阳光提供了无限的能量来源，推动了复杂性和进化的发展。随着植物的出现，它们从空气中吸收二氧化碳，产生了一个意想不到的副产品：氧气，这是一种有毒且具有腐蚀性的气体，能使物质燃烧。为了应对这一新的环境挑战，一些生物体在其他细胞内部寻求庇护，这种现象称为内共生。通过这一过程，一些细胞演变成了核，成为遗传信息库的储存地。其他生物体则进化出了专门用于行动的细胞，如用于运动的肌肉细胞和用于信息处理的神经元。这些神经细胞聚集在一起，形成了一个能够思考和惊叹于宇宙奥秘的心灵。

这是一段充满考验和磨难的旅程，通过无尽的实验不断克服困难。碳原子经历了无数次生命,见证了无数生物的诞生和死亡。随着生命复杂性的增加，地球上的这个碳原子找到了它的使命。它被整合到人类的遗传密码中，成为追求知识的科学家和梦想家的一部分，最终来到了但丁 · 劳雷塔的身上。

在亚利桑那州的沙漠中，这个碳原子驱使但丁研究夜空，引导他朝向那里的某个东西。

“来找我吧，”那个漂泊的碳原子从贝努内部呼唤道，“我有秘密要告诉你。”

于是，但丁就这么做了。

第十三章 着陆!

回忆2020年3月初的日子，感觉就是在回忆一个截然不同的世界。那时，尽管我们的团队分散在全国各地，但我们仍在办公室、大学和实验室上班。有时候，我们会聚在一起开会，下班后一起出去喝酒。当然，我们感到压力很大，很疲倦，而且正面临着在小行星上着陆探测器的艰巨挑战，但我们完全不知道，一场全球大流行病将使这一切变得多么艰难。

在初春的日子里，OSIRIS-REx开始了一项大胆的任务，就像一只无情的猛禽搜寻猎物一样，搜寻着贝努的表面。航天器脱离了安全轨道，锁定了夜莺区域，仅在采样点上空820英尺的高度飞行。目标很明确：以惊人的细节勘察该地点，发现之前扫描中可能遗漏的任何隐藏危险。

随着科学仪器调试完毕并准备就绪，OSIRIS-REx从这个地点提取了每一丝信息。这些图像被输入到探测器升级后的导航系统中，创建了一个全面的危险地图，以指导它最终的下降。当它接近时，OSIRIS-REx会将其所见与其记忆中的危险地图进行比较，如果路径上有任何障碍，它会随时准备撤退。

这次飞越取得了巨大成功，当OSIRIS-REx重新进入轨道时，它改变了方向，为与贝努的下一次近距离接触做准备。这是为实现最终目标（样本采集）进行的首次演练。风险很高，压力也很大，但探测器已经做好了准备，它拥有从小行星表面提取宝藏的知识和工具。

这次获取的数据证实，夜莺仍然是“可行的”。一切都按计划进行。我们将在4月进行检查点演练，6月进行匹配点演练，而OSIRIS-REx将在2020年8月25日采集贝努的样本。届时，我们数百人将在科罗拉多州聚集，见证我们花了16年时间开发的机动操作以及之后热闹的庆祝活动。

而后，新型冠状病毒（COVID-19）对我们的生活和心理造成了巨大的破坏。办公室关闭，学校停课，居家隔离命令发布。我每周出门一次买杂货，装备着乳胶手套、两只医用口罩和紧身衣。几周后，封锁时间延长了。互联网新闻网站让人沉迷，上面充斥着拥挤的急诊室和诡异空荡的街道等令人不安的图像。整个世界似乎完全停滞了。多年来，我一直沉浸在太空任务的忙碌和担忧中，面对新冠疫情带来的完全不同的生活节奏和状态时，我感到了巨大的反差，甚至让人头晕目眩和沮丧。

我们很快就意识到这不会是持续一周甚至一个月的危机，而是至少会延续到我们的演练阶段。所有关于样本采集的压力和焦虑现在都被一个更大的担忧所加剧：在一个几乎瘫痪的世界中，如何在确保每个人安全的同时完成这次任务。在封锁的最初几周，当社会陷入恐慌和不确定性时，有时候我真的不确定原定目标是否可能被实现。

当然，我不能让自己这么想，而且我也没有太多时间去想这些。从3月拖延到4月，我们每天都多次通过线上会议讨论样本收集的准备工作，以及如何在我们当前能力受限的情况下完成这一切。因为我们一直分散在不同的地理位置，所以我们都很擅长线上会议，但现在，哭闹的婴儿、焦虑的合作伙伴和好奇的狗填满了我们的屏幕，繁忙的客厅和光线昏暗的地下室取代了我之前习惯看到的同事们身后摆满文凭的办公室。

我自己的家也突然变得拥挤起来。虽然我非常幸运——凯特和我主要照顾的是生活基本能自理的青少年，而且我们4个人各有足够的空间——但过渡期还是很艰难。在客厅里工作了几天后，当我的视频会议再次卡住的时候，我差点崩溃了。像往常一样，我在家里走来走去，询问每个人的互联网使用情况，寻找占用带宽的罪魁祸首。每次都有不同的原因。尽管桑德尔在他的虚拟课堂上课，但他认为同时在PlayStation上下载游戏更新文件是个好主意。格里芬则沉迷于一款iPad游戏，对网络数据的消耗似乎永无止境。

刚解决完地面带宽的问题，还有更大的问题要处理。由于我们大多数人都在远程工作，并且通常在不规律的时间工作，为检查点演练所做的剩余准备工作将是一场艰苦的战斗。如果我认为我的网络连接很糟糕，那与OSIRIS-REx在TAG期间传回地球的数据流相比，简直微不足道。航天器与地球之间的距离一直在稳步增长，现在它已位于太阳的另一侧。随着距离的增加，数据传输速率按比例下降。由于这一点，以及它正接近被巨石（包括我们的宿敌末日山）环绕的小行星表面，探测器只能以每秒40比特的速度发送数据。这里的“比特”是指单个的“1”或“0”。一条短信每个字符使用8比特。想象一下，以每秒5个字母的速度阅读你的短信，几乎足以让人发疯。

由于新冠疫情和我们紧张的工作环境，我们失去了人员在同一个房间议事时的高效率，因此解决问题的时间更长了。尽管如此，我们继续努力准备4月的检查点演练，同时认识到我们无法预见所有等待我们的挑战，无论是新冠疫情还是其他挑战。如果我们遇到任何可能威胁到飞行系统或地面团队安全的问题，我们将立即停止行动，推迟机动操作，并将航天器留在其安全轨道上，直至可预见的未来。

尽管我们决定继续前进，但我们无法控制外部环境中所发生的事情。一个巨大的担忧在于深空网络，这是地球和OSIRIS-REx之间的直接通信线路。4月初，西班牙正应对其第一次灾难性的新冠疫情暴发，站点管理部门为了将感染风险降到最低，已将马德里设施的工作人员减少到最低限度。虽然加利福尼亚和澳大利亚的设施仍在运转，但马德里天线的潜在损失，即便只是几周，也会严重阻碍我们与在贝努小行星孤军奋战的OSIRIS-REx进行通信的能力。我们将失去宝贵的时间来响应探测器警报和导航更新。简而言之，我们将以严重有限的能见度飞行。

尽管如此，几个星期过去了，检查点演练的日子终于到来。按照指令，OSIRIS-REx开始行动，执行TAG序列并点燃其推进器进行轨道脱离。当它将NavCam对准表面时，拍摄到了下方崎岖地形的照片。这次，发生了不同的事情。在过去，它只是将数据存储在其记忆库中，等待下一个机会将信息传回地球。然而，在这次序列之后，它自行分析了图像，仿佛觉醒了一种新的自我意识。

OSIRIS-REx识别出表面特征并将其与贝努上广泛分布的地标目录进行了关联。它利用这些知识在距离表面400英尺的检查点做出了一个关键决策。当探测器计算其位置和速度时，它调整了其轨迹以优化向表面的下降过程。这是OSIRIS-REx第一次真正实现自主，完全掌握了自己的命运。

对我们这些留在地球上的人来说，检查点演练那天令人紧张不安，因为只有少数人员监控探测器的遥测数据，而团队的其他成员则在家中关注着进展。在图森，我们中的一些人戴着口罩、保持距离，聚集在德雷克大楼的会议室里，共同见证了这一事件。

探测器执行完检查点机动后，在朝向小行星的轨迹上下降了9分钟。到达大约210英尺的高度时，它执行了回退燃烧以完成演练。我们与贝努近在咫尺。

在演练期间，航天器成功地将TAGSAM从折叠停放位置部署到其采样位置。此外，它的一些仪器还收集了导航图像，并对现场进行了科学观测，为TAG期间将进行的不可思议的科学研究进行了预演。我们为它在下降过程中准确估计其相对于贝努的位置和速度而兴奋不已。

随着成像序列接近尾声，夜莺采集点出现在画面底部，末日山不祥地坐落在陨石坑边缘的东南角。探测器必须飞越这个噩梦般的顶部，然后才能降入陨石坑内，准备在小行星表面采集珍贵的样本。当OSIRIS-REx接近夜莺岩石地表的图像传回时，我几乎希望我们取消演练，直接就在那天着陆——那是因为我觉得我们已经准备好了。

我坐在德雷克大楼的会议室里，尽管时光短暂，但能再次与我的团队聚在一起，就感到无比宽慰。我们为了保持社交距离而分散坐着，并且戴着口罩，这使得彼此的声音听上去模糊不清。然而，我们做到了；我们已经处在样本收集的最后冲刺阶段。这是一个苦乐参半的时刻。它并没有增强我们的信心，也没有激发出我们创造航天历史时的那种无拘无束的热情。相反，我们只是疲惫地瘫坐在办公椅上，精神几乎要崩溃。

虽然检查点演练取得了巨大的成功，但显然团队成员都在努力应对各种挑战和困难。希瑟，这位深具同理心的领导者，她听到全国各地的队友都在说他们很累，在任务和个人生活之间疲于奔命，而这两个方面如今都完全局限于家中狭窄的空间内。她警告我，如果我们继续以目前的工作节奏推动进度，我们的一些团队成员很可能承受不住这样高强度的工作压力，最终可能会崩溃。

我决定放慢速度，利用我们日程中预留的额外时间。我们同意将最后的匹配点演练推迟到8月，将TAG推迟到10月。也许，我让自己相信，到10月后疫情会有所缓解，我们可以齐聚在科罗拉多州，举办那场盛大的庆祝派对。

这次休整让我们所有人得以重整旗鼓。我确实需要放个假。按照典型的居家期间的做法，我订购了一台任天堂Switch游戏机，和两个儿子一起玩了两周的《塞尔达传说》。

✦✦✦

到2020年8月中旬，世界还远未恢复正常。但OSIRIS-REx团队已准备好继续前行。在世界混乱之际，我们成了数百万人心中的希望灯塔。媒体对这个项目兴趣激增，我接到了无数的采访和演讲邀请。在我的客厅里，偶尔有我的狗出镜，我向全世界分享了我们的冒险经历。凯特的一个朋友打电话给她，兴奋地说："我今天在电视上看到你的客厅了！"然而却没有提到她的丈夫我。

是时候进行匹配点演练了，这是采样前的最后一次演练，也将是我们最后一次确保所有仪器为关键时刻做好准备的机会。匹配点是指航天器与贝努小行星的旋转相匹配，以便与小行星表面保持同步飞行，在夜莺采样点上方180英尺处悬停。

就像之前的检查点一样，我们的匹配点演练也完美执行了。这次演练让我们能够验证探测器的所有系统是否按预期运行。我们也首次使用了"危险地图"，这是我们用所有高分辨率数据创建的。从地球上的地面控制中心收到的所有数据和信号来看，NFT已经准备就绪。

到了10月，团队和探测器都已准备好进行采样。匹配点演练结束后，我感觉如释重负，这种感觉与2011年我们向NASA提交第三次提案后的感觉颇为相似。我们已经竭尽所能为样本采集做好了准备，并且是在一场非同寻常的全球危机期间完成的。无论现在发生什么，都不在我的掌控之中了。2020年10月20日，我们将知道这次任务是否成功。

10月初，在TAG前两周，我从图森驱车前往丹佛。当红色的沙漠被金黄色的白杨林所取代时，我感到意外的平静和自信。过去几个月的所有焦虑都被一种激动的期待所取代。即使是疫情带来的巨大痛苦——以及它将阻止我和我的团队在此重要时刻聚在一起的遗憾事实——也有所缓解。如果说新冠疫情教会了我们什么，那就是无论多么困难，都要随遇而安。然而，因为我对洛克希德·马丁公司及其航天器操作的强烈责任感和依赖，即使在其他因素的干扰下，我还是无法离开他们。NASA计划在TAG日进行媒体宣传，我再次成为现场解说员。

接下来的几天里，聚集在科罗拉多州的20多名团队成员进行了最后的安全检查，NASA的高级管理人员则在一旁监督并示意批准。我们还制订了应急计划，如果OSIRIS-REx在下降过程中检测到危险并最终决定在最后一刻撤离夜莺点，探测器的推进器会严重扰动该地点的表面，我们将被迫在鱼鹰点再次尝试。在数月的演练中，我们也为这个地点做了准备，但一想到还要再额外工作几周甚至几个月，就让人感到难以承受。我们疲惫不堪、过度劳累的团队能否从这种挫折中振作起来？我不想知道答案。

在TAG前一天，我50岁了。我在为第二天的大型电视节目进行的无数次排练中度过了我的生日。希瑟在我的临时办公室里挂满了黑色气球和一个巨大的写着“50”字样的充气气球，提醒我年岁已高。大家聚集在会议室里为我唱生日快乐歌。我的愿望？一次安全成功的TAG和恢复正常的生活。

那天晚上，我独自一人在爱彼迎民宿里，冰箱里存放着没吃完的蛋糕。我回顾和反思了过去的20年。当年，迈克招募我加入小行星样本返回任务时，我才三十出头，新婚不久，初为人父，刚刚成为教授。现在，我的孩子们即将进入高中，我的胡子也开始变白了。我的一部分仍然觉得自己像那个在亚利桑那旅馆里啜饮威士忌的业余爱好者；事实上，我的一部分仍然觉得自己像那个迷失在沙漠中的小男孩，仰望夜空，满怀梦想和难以言喻的渴望。但总的来说，我觉得自己经历了重重磨难的考验，已准备就绪。

◆◆◆

我们的精英小团队聚集在洛克希德·马丁公司的任务控制中心，每个人都穿着蓝色的NASA工作衫。希瑟无论如何都不会错过这次活动，尽管她身材娇小，却散发出一种沉着而自信的气质。她在镜头前表现得非常自然，热情地分享着她的激情和专业知识。丹妮和卡尔则在图森，为第二天接收探测器传回的照片做好准备。

房间分为两个区域——一边是工程师们坐在显示器前，观察着从太空不断传回的信息；另一边则布置成电视演播室，背景是贝努小行星的图像，有一位主持人轮流采访任务组成员。

直播在当地时间下午3点开始，很快就有超过100万人收看我们创造历史的这一刻。我们为这次活动排练了十几次，但每次排练的时间都把握得不太好。在关键时刻到来之前，我们从未完成过所有内容的排练。我紧张极了，一边盯着墙上的时钟，一边听着任务控制官宣读OSIRIS-REx报告的关键里程碑事件。

在太空中，OSIRIS-REx到达检查点并开始最后的下降，为安全起见，它收起了太阳能电池板，以每秒4英寸的稳定速度接近表面。凭借新获得的知识，它熟练地调整了匹配点机动操作，以瞄准夜莺点的中心；靶心采样现在完全可以操作了。它将最小型天线面向地球，向控制室陆续传递信息。

2020年10月20日，但丁与主持人在电视转播现场（NASA供图）

跨越太阳系的18分钟时间差意味着每隔几分钟，OSIRIS-REx就会传回一个新的数据点，重现过去发生的事件。我如饥似渴地消化着每一个信息碎片。一个小时后，我们接到了关键的通知："匹配点机动操作完成。"

这一里程碑意味着航天器已经点燃推进器完成了匹配点机动操作，减缓了下降速度并与小行星的自转同步。接着，它继续在末日山上空危险地飞行了11分钟，瞄准在数亿年间穿越太阳系的一堆碎石坑中的一个大小如小型停车场般的空地。

这已经发生了，我对自己说。OSIRIS-Rex开始尝试了吗？还是危险地图启动了？

在太阳的另一侧，OSIRIS-REx悬停在目标上空。它的计算机继续处理导航相机的数据，在表面特征越来越清晰时分析着每一个像素。每次拍摄快照，它都会进行计算，权衡到达绿色安全区域或接触红色危险区域的概率。它的命运和其继续前进或撤退的关键决定掌握在它自己的手中。

随着TAGSAM接近表面，决定性的时刻即将到来。在仅有16英尺的范围内，OSIRIS-REx分析了最后的图像，考虑了所有选项，然后做出了决定。随后，它将这个决定传回地球，我们在地球上正等待着了解18分钟前发生的事情。

这是我人生中第一次真正意识到太阳系的浩瀚辽阔，完全超乎我的想象。此刻，我的紧张情绪显露无遗。我知道我的说话语速变快，呼吸也很急促。之前的排练都白费了。感觉全世界都在实时观看我的惊慌失措。我宁愿待在控制室里，和我的团队一起看着遥测数据页，尽管它们每秒只刷新5个字符。

3分钟后，我们听到了通知："姿态控制系统已切换至轻触即离模式。"我们很快就能知道最终的关键决定。

"OSIRIS-REx正下降至25米以下。"

在接触前的最后几分钟，我提醒主持人，5米线是OSIRIS-REx做出继续还是放弃决定的关键时刻。"我要把所有注意力都集中在这个通知上。"我告诉她。

接着，通知从扬声器传来。

"OSIRIS-REx已处理完下一张图像，位置不确定度为0.5米。"

我听到团队爆发出欢呼声。

"危险概率为0。"

我的心开始狂跳。我知道那一刻OSIRIS-REx已经下去了，剩下的就是等数据穿越太阳系传输回来了。

"TAG横向速度为0.2毫米/秒。"

"TAG纵向速度为10.2厘米/秒。"

所有统计数据都完全准确；航天器运转完美。

视频画面切换到了控制室。我盯着屏幕，注意力集中在团队身上，焦急地等待下一个通知。

我的目光集中在埃斯特尔身上，她正在监控来自贝努的遥测数据。她将是第一个知道OSIRIS-REx是否着陆的人。其他所有人的目光也集中在她身上。她挺直脊背，时不时甩动双手，好像要把水珠甩掉，这是她可能和我们一样紧张的唯一表现。

我的心怦怦直跳。16年的努力都集中在这危险的几秒钟里。

仿佛过了永恒般漫长的时间，通知终于传来。

“OSIRIS-REx已降至5米以下。危险地图显示可以启动采样模式。预计50秒内接触。”

我完成了直播，对主持人说了最后一句话：“我们要行动了！”然后就离开了。我一言不发，挤过布景中的贝努背景板，跑过去和我的团队会合。

在前往控制室的路上，我听到了关键通知。

“触地开始。”

我想到通向这一刻的漫长而曲折的道路，从我在黑暗的沙漠天空下孤独凝视星空的童年开始，到迈克和全世界成千上万的人共同努力实现这一任务。

我想到了远在图森的家人，他们正通过电视观看我度过职业生涯中最重要的时刻。

当然，我也想到了独自在贝努上的OSIRIS-REx。

突然间，埃斯特尔从椅子上跳了起来，挥舞着手腕，像美国国家橄榄球联盟（NFL）的裁判一样高举双臂，大声喊出我期待已久的话：

“我们触地了！”

受限于疫情防控要求，我们伸出双臂互相虚拟击掌，疫情带来的孤独和痛苦，因任务成就的重大意义而得到缓解。

一块见证了太阳系悠久历史的原始岩石现在可能准备返回地球，供几代人进行科学研究，我迫不及待想看到接下来会发生什么。当然，贝努还会给我们带来至少一个惊喜。

第十四章
离开

几个小时后，大约凌晨2点，我靠在租住的公寓的床头，笔记本电脑开着，床头柜上放着一杯咖啡。在TAG操作之后，我经历了一连串采访，站在原地等待一群记者依次采访。我很感激媒体的关注，并且非常兴奋能当众炫耀一下OSIRIS-REx，但那天晚上，我仍然对成功的TAG操作感到震惊，满脑子想的都是样本即将带回地球。毕竟，这次任务不仅仅是接触小行星，我们还必须从中采集样本。

我不是唯一一个醒着的人。数据预计随时会到达，科学团队的聊天室里也热闹非凡。大家都在重温当晚的精彩瞬间，并急切地等待照片传来。判断是否成功采样的第一个线索，来自比较TAG操作前和接触后1秒钟所拍摄的表面照片。如果第二张照片显示表面有显著扰动，那么很可能已经成功采集到了样本。成功采样的关键是使TAGSAM紧贴小行星表面，最好能埋入几英寸。如果TAGSAM的任何部分离开表面，比如因为一块石头而倾斜，气体就会从侧面吹出，导致宝贵的样本被吹散。

数据如期而至。飞船在下降过程中拍摄了82张照片，我们预计在第70张左右看到TAG操作的影像。科学数据服务器大约每分钟发布一张照片。这意味着，我不得不躺在出租屋的床上，在痛苦中等待整整一个小时，才能看到OSIRIS-REx如何与表面互动。时间在一分一秒地流逝。

终于，TAG操作前的最后一张照片传下来了，1分钟后，接触后的第一张照片也传下来了。当我看到那个画面时，就知道我们已经采集到了样本。意识到这一点后，一波情绪涌上心头——无比的喜悦、宽慰和深深的成就感。经历了所有的挑战和困难，我几乎不敢相信，我们真的成功了。

我让两张图像来回快速交替显示，怀着极大的兴趣看着TAGSAM击中贝努的表面，然后嵌入看似海绵状的小行星表面。我目之所及都有扰动的迹象。采样头下方的一块大石头在接触时似乎完全解体了。另一块大约是其两倍大小的石头像跷跷板一样倾斜并将小颗粒抛入太空。

像一支精准摆置的箭一样，OSIRIS-REx瞄准了目标，TAGSAM机械臂接触到了夜莺采样点。在摆弄了大约10分钟的接触前后的图像后，服务器上又出现了几张更多的图像。当我下载这些图像时，我惊讶地看到贝努表面爆发出一阵颗粒雨，当样品收集器释放其高压氮气时，许多颗粒被待命的收集器捕获。我着迷地看着TAGSAM采样头下降到阴影中。5秒钟后，探测器的推进器启动，刹住了它在贝努上的下降势头，扬起了一片松散的岩石云。

我们的模拟结果表明采样头会渗入表面以下几分之一英寸。但阴影图像显示，我们渗入的深度远超预期。采样臂深深渗入了近2英尺，进入了出乎意料的脆弱表层，表明贝努小行星的表层非常脆弱。经过16秒的采样操作，采样臂成功获取了贝努小行星的样本。很快，采样成功后，探测器的推进器停止工作，探测器开始远离小行星，它像一位勇敢的探险者，准备与世界分享其惊人的发现。

随着更多数据的传回，表面扰动的真实情况变得显而易见。探测器的推进器在后退燃烧过程中移动了大量表面物质，而在操作的最后阶段可以看到大量松散的碎屑。由于采样操作对表面的影响，夜莺采样点的原貌已被改变，变得难以辨认。

除了这些令人鼓舞的照片，探测器还传回消息，表示它状态良好。尽管扬起了大量尘埃和岩石，OSIRIS-REx探测器并没有遭受任何明显的损坏。我们曾担心尘埃会堵塞发动机，或者散热器上的灰尘会阻碍热能散发，导致电子设备过热。但所有推进器都在正常工作，机载散热器也有效地保持探测器的冷却。尽管太阳能电池板和恒星跟踪导航系统可能沾上了一些灰尘，但它们都运作正常。

探测器知道自己在太空中的位置，并且似乎已准备好并能够飞回地球。一旦我们得知探测器收集了多少样本，我们就会指示它执行返回任务。

在接下来的几天里，我们将确定收集的样本量。我们会仔细检查由SamCam（探测器上专门用于记录样本采集过程的相机）

拍摄的TAGSAM头部照片，以确定尘埃和岩石是否进入了采集器头部。我们还会观察头部内部，以便检查是否有样本的迹象。

但我们的策略不仅仅局限于视觉确认。因为将样本存放在返回舱中意味着收集器与机械臂完全分离，所以我们需要绝对肯定我们已经成功收集了贝努的碎片。如果没有，我们将在几个月后在备选采样点“鱼鹰”尝试另一次TAG演习。因此，我们需要在两亿英里外测量样本的质量。

但丁在描述2020年10月21日TAGSAM与贝努的接触（NASA供图）

我们计划通过计算航天器的“转动惯量”变化来实现这一目标，转动惯量是一个描述质量分布以及质量如何影响物体旋转的术语。这个“旋转测试”操作是通过将TAGSAM采样臂伸展到OSIRIS-REx的一侧，并逐渐旋转航天器来执行的。这种动作就像是一个人伸开手臂旋转，手里抓着一根系着球的绳子。当人旋转得更快时，他们可以通过绳子上的张力来估计球的重量。同样地，我们将通过监测旋转航天器所需的能量来测量收集到的样本的质量。通过在TAG操作前后都进行旋转测试，我们可以计算采集头质量的变化，从而确认是否成功采样。结合图像和质量测量，我们希望确认我们至少收集到2盎司的样本。如果确认采样成功，我将在10月30日决定存放样本。然而，贝努这个捣蛋鬼总是出人意料。

两天后，我和埃斯特尔一起站在洛克希德·马丁公司的航天器控制中心，再次等待图像的传来。几小时前，探测器执行了一次名副其实的TAGSAM照片拍摄，在机械臂移动到几个不同位置时拍摄了照片。在9个位置中的每个位置，摄像机都拍摄了一系列曝光时间从几毫秒到几秒的照片。我环顾四周，看到一小群工程师，他们的注意力都集中在那块屏幕上。当我回想起我们曾多次这样做，收集并等待来自太空的重要图像时，我忍不住笑了。我意识到，随着任务进入最后阶段，我们这样的时刻已经所剩无几了。

第一张照片是TAGSAM与SamCam呈90度角的短曝光照片，一张完美的侧面照。整个运营团队都在盯着大屏幕看，这时有人喊道："嘿，我看到一个粒子！"我们齐刷刷地都向屏幕走近一步，看他指的是什么。果然，看起来像是一颗尘粒在TAGSAM附近漂浮。

"别太激动，"星象仪工程师的声音传来，"自从我们后退之后，就看到探测器甩掉了一堆尘埃。我们肯定带上了一些搭便车的东西——现在看来它们自己要往外跑呢。"

随着图像的不断传输，我们注意到画面中有一两道条纹。此时，我们已经是识别条纹状粒子的专家了。现在我们有工具可以追踪这些逃逸的粒子，并找到它们的来源。

在较长曝光的照片中，甚至有更多从TAGSAM发出的长条纹。这些条纹贯穿于每个曝光和每个位置中。当我们将整个序列动画化时，TAGSAM让我想起了那种喷射水弧的草坪洒水器，从一侧喷到另一侧，然后循环回到起点重新开始。

埃斯特尔和我同时转向对方。“我不喜欢这个。”我平淡地说道。

“我也不喜欢，”她认同道，眼神中流露出担忧，“这到底是怎么回事？”

我走到走廊里，拨通了分析此类数据最有经验的人——卡尔的电话。

“嘿，但丁，怎么了？”他立刻接起了电话。

我想象着他在脑海中快速浏览着自己的检查清单，想着是什么事情可能促使我在这个时候给他打电话。

“你看到最新的SamCam图像了吗？”我问道。

“没有，”他回答道，“怎么了？”

“我认为我们看到一些粒子从TAGSAM中逸出。你能现在看看吗？”

很快就有了答案：这些粒子确实来自TAGSAM。它们不是附着在飞船外部的搭便车者，而是来自我们样本收集头内部。

我回到控制室，向埃斯特尔传达了这个坏消息。

“看起来样本正在不断流失。”我告诉她。

当我翻看TAGSAM运动的动画时，我开始能够追踪到各个粒子飞离的路径。

“我们遇到了严重的情况，”我告诉她。“我们必须找到办法阻止这些粒子逃逸。”

卡尔估计，仅在被拍摄到的几秒钟里，我们就已经损失了几盎司的物质。情况已经十万火急。显然，贝努还没有停止对我们心智的考验。当我无助地坐在丹佛时，OSIRIS-REx在太空中，我们花了十多年时间和近10亿美元才获取的样本正在流失。

当我们仔细研究SamCam图像试图诊断问题时，很明显TAGSAM确实充满了岩石和尘埃。我们可以看到，在采样头聚酯薄膜盖片被卡住而张开的小缝隙中，有物质碎片逃逸出来。未密封的区域似乎是由未完全通过盖片的大块岩石造成的。一些逃逸的颗粒超过半英寸宽，而且是片状的。这一幕看起来就像有人把一盒玉米片倒进了太空。

我心想，这些粒子中的每一个都可能成为某人的博士论文。

如果我们坚持原计划，我们将执行质量测量机动。但让航天器加速绕圈几乎肯定会加剧样本的泄漏。OSIRIS-REx在漆黑的太空中就像一个仙女，把闪光粉撒向整个宇宙。

我找到坐在控制台前的埃斯特尔，问道：“你最快什么时候可以存储样本？”

她毫不犹豫地答道：“如果获得NASA的批准，我们这个周末就可以开始。”

我点了点头，然后叫停了所有可能引发振动或颗粒运动的航天器活动。从现在开始，OSIRIS-REx将专注于将样本存储在样本返回舱中，在航天器返回地球的旅程中，任何松散的物质都将得到安全保存，以确保在返回地球的过程中样本不会丢失。

我给NASA总部打电话，解释了当前的问题和处理措施。随着航天器进入静默模式，穿过恒星跟踪器视场的颗粒条纹数量已降至零。我们成功止住了“流血”。

到当天下午结束时，根据现有图像，我们怀疑采样头内有充足的样本，这原本是极好的消息。根据我们看到的既卡在盖片开口处又暴露在采集室内的颗粒，我们最乐观的估计是大约有14盎司，是我们目标的7倍多。

最终，采样头中似乎存在大量的物质，促使我们做了加快存放样本的决定。现在我们必须不间断地工作，以加快我们原本认为需要数周才能完成的操作，并在此过程中尽可能多地保护样本。

与其他探测器操作不同，OSIRIS-REx在整个操作序列中通常是自主运行的，而存放样本是分阶段进行的。每一步都需要精确的几何计算，以确保采样头能够牢牢锁定在返回舱内。这个机制看起来很像滑雪靴和滑雪板之间的接口，你最不想做的事情就是在滑雪靴没有牢固锁定的情况下就滑下山坡。

因此，收起TAGSAM头部需要持续的监督和输入指令。我们会向探测器发送初步指令，启动存放序列。OSIRIS-REx完成每一步后，会将图像传回地球，等待确认后再继续下一步。这是一次真正的远程遥控操作，每次发出命令和返回信号之间需要花费40分钟的时间。

总部很快批准了加速存放的请求。他们曾目睹这支团队在极端条件下的完美表现（NASA科学部门负责人甚至将我们比作奥运选手），当他们再次投入行动时，我感到无比自豪。在过去的四年里，这个团队已经紧密团结在一起，现在我们就像一个整体一样运作。每个人都清楚自己的角色，利害关系再明确不过了。任务的成败在此一举。在接到命令后，他们立即着手尽可能多地保存样本，并将TAGSAM安全地存放在其保护性返回舱内。

从TAGSAM中逃逸的粒子（美国航空航天局/戈达德太空飞行中心/洛克希德·马丁公司/亚利桑那大学供图）

几天后，我站在航天器控制室的阴影中，静静地注视着StowCam（另一台机载摄像机，顾名思义，用于记录样本存放情况）拍摄的第一张图像。这张图像显示，TAGSAM采样臂已将采样头移动到捕获位置，悬停在返回舱上方。下一张图像显示

TAGSAM采样头已被固定在为其定制的捕获环上。当采样头“咔嗒”一声固定到位时，一小团粒子从头部散出，我再次感到一阵焦虑。

我在心中默默祈祷，希望这些是最后逃脱我们掌控的粒子了。

采样头固定在返回舱的捕获环上后，机械臂进行了一次安全检查。这一操作轻轻拉动了采集头，确保其锁扣已经牢固固定。检查完成后，我们观看了TAGSAM为漫长归途做好准备的序列影像。

在采样头被密封进返回舱之前，必须断开TAGSAM采样臂上的两个机械部件——传输氮气的管道和将采样头与机械臂连接在一起的螺栓。在接下来的几个小时里，工程师们指挥探测器切断管道并分离螺栓。我们看到一个“被斩首”的TAGSAM，采样头已牢牢固定，管道和电线则从顶部垂下，看起来像是被菜刀砍断的头发。

那天晚上，航天器完成了样本存放的最后一步。为确保返回舱的安全，探测器关闭了舱盖并扣上了两个内部门锁。正如随处可见的保险杠贴纸所宣告的那样，我们的“宝贝”已经在船上了。

工程师们并没有因为失去了测量样本质量的机会而气馁，他们想出了新的方法来估算收集到的样本质量。他们能够跟踪探测器在将TAGSAM采样臂臂摆放到各种拍摄位置和最终存放程序时的小力量。对这些微小变化的分析表明，在TAG操作后的两天，TAGSAM中收集的样本超过了10.5盎司。而在下一次测量中，即TAG操作后8天、样本存放之前，使用同样的技术测量得到的样本质量略低于9盎司。我承认，意识到几乎达到了整个任务要求的样本在太空中丢失了一部分，这确实让人有些沮丧。

尽管如此，据我所知，我们已经完成了所有既定目标。我们接触到了小行星，并获得了看起来量很大的样本。然后，我们成功地将样本存放起来，紧紧地锁在返回舱的核心位置，准备好返回地球的长途旅程。确实，是时候让OSIRIS-REx回家了。

然而，有件事仍然困扰着我。

✦✦✦

在看到表面的动态反应后，我对遍布四周的巨石和卵石感到困惑，因为探测器只是轻轻地触碰了贝努，而贝努的表面在样本采集事件中受到了相当大的扰动。

然而，每次我们在实验室或“呕吐彗星”上测试TAGSAM时，我们几乎只能造成微小的凹痕。表面的反应与我们的预测如此不同，我知道我们在理解这些小型碎石堆小行星的行为方面缺乏一些基本知识。不过，作为一个科学家，我无法接受这样的事实：我们将带着一个谜团离开贝努。我们必须回去，再最后看一眼我们造成的混乱。

问题是，洛克希德·马丁公司的合同中明确规定，TAG之后将不会进行任何科学测量。这个过于具体的法律条款的制定原因已经被历史所遗忘。然而，我不会让一些愚蠢的律师阻碍我的科学研究。我决定向洛克希德·马丁公司的高级管理层陈述我的观点并提出请求，看我们是否可以进行一次额外的探测行动。

最终，这并不难说服他们。探测器没有表现出任何性能退化的迹象。我想像我们在TAG前所做的最后一次飞行那样，快速飞掠贝努，尽可能以最高分辨率记录现场信息。但那些轨迹并非没有风险，包括可能与贝努相撞的风险。

相反，任务团队迅速完成了新轨迹的详细安全分析，以便在我们离开的途中观察贝努。这个飞行路径将使OSIRIS-REx保持在离小行星的安全距离内，同时确保科学仪器能够收集到所需的信息。就像早期那样，我们会扫描整个表面，然后重点关注覆盖我们感兴趣区域的少数图像。计划再对贝努进行一次机动观测真是五味杂陈——这不仅是为了提供更多信息，也算正式作别。

2021年4月，OSIRIS-REx重返战场，最后一次将目光投向这颗神秘的小行星。这次，探测器俯冲而下，近距离接触贝努，飞行高度为2.3英里，这是自半年前那次历史性采样事件以来的最近接触。在将近6小时的时间里，探测器对贝努进行了监测，收集数据并拍摄图像，这颗小行星则在其下方旋转。

正如我们所希望的那样，这些新图像揭示了它与夜莺采样点相遇后的惊人结果。将新数据与2019年贝努的高分辨率照片进行比较，显示出显著的表面扰动迹象。在采样地点，一个凹陷清晰可见，底部有几块巨石，表明它们在采样过程中被暴露出来。靠近TAG点的区域现在反射性更强，明亮物质的丰度增加，几乎像是在暗色背景上撒了一把盐。尽管夜莺采样点位于一个暗红色的陨石坑内，现在看起来具有明暗物质混合的质感。采样事件留下了一个令人震惊的撞击坑，深度比预期的要深，直径达26英尺（大约7.9米）。当我观察到我们在表面上留下的不可磨灭的印记时，不禁感到敬畏，这让我联想起尼尔·阿姆斯特朗的靴印所象征的标志性记录。

分析数据后，我们发现了一件重要的事情。如果OSIRIS-REx在采集样本后没有立即启动推进器撤离，它就会陷入贝努当中。贝努表面的颗粒如此松散且相互之间的结合力如此微弱，如果有人踏上贝努，几乎感觉不到什么阻力，就像在儿童游乐区的球池中行走一样。无论如何，贝努依然是不可预测的。

2021年5月10日，OSIRIS-REx重新启动，3年来首次点燃其主发动机。在强大动力的推动下，发动机全速运转了7分钟，以600英里每小时的惊人速度将探测器推离贝努。当小行星在视野中逐渐变小时，OSIRIS-REx踏上了为期两年半的归程，带着珍贵的样品返回地球。

那天傍晚，夕阳在图森崎岖的山脉上落下，我去徒步旅行以理清思绪。当我到达山顶时，地平线被亚利桑那州的日落染成了绚丽的橙色。我躺在我最喜欢的巨石上，凝视着OSIRIS-REx即将归来的那片天空。当我仰望苍穹时，远处传来一只孤狼的嚎叫声，它那悲怆的叫声刺破了沙漠的寂静。我能感觉到过去十年工作的重担正慢慢从我身下的大地中消散。

一种压倒性的平静感袭上心头，我逐渐感受到我们所努力的一切终于要开花结果了。随着凉爽的晚风轻轻拂过我的脸庞，我的思绪转向了多年前做出的承诺上，那个支撑着我们整个NASA

提案的大胆誓言——解开生命起源之谜的誓言。我们已经走了这么远，但前方仍有挑战。然而，当我眺望无尽的宇宙时，我的决心越发坚定。我们正处于某种真正令人难以置信的发现边缘，我深深地相信，我们任务的最后阶段——样本分析，将揭示宇宙最深处的秘密。

尾声一
归来

2023年9月24日，凌晨1: 30，我在假日酒店（Holiday Inn）的房间里醒来，实在是辗转难眠。窗外，位于犹他州沙漠中心的军事基地——杜格威试验场（Dugway Proving Ground）此时静悄悄的。我的健康追踪器显示，我的心率达到了每分钟120次，比我平静时的心率每分钟高出60次。空气中弥漫着期待的气息。

我登录视频通话，与团队进行“继续或中止”投票，这是我们关键事件前的最后一次调查。一切都如OSIRIS-REx项目教科书般完美无瑕。尽管探测器的陀螺仪最近出现了一些小故障，但所有系统都运转正常。当样本返回舱释放获得绿灯批准时，欢呼声四起。

现在，我还要分散一下注意力，来缓解紧张情绪。距离关键时刻还有两个小时，我埋头于批改天体生物学课程的学生论文，暂时沉浸在学生们的思维中。但今天的重要性不断将我拉回现实。返回舱的电池必须去除钝化层，以确保其能够在关键时刻正常运行，这是一个关键的里程碑。过去7年里，它们一直处于休眠状态。如果没有它们的微量电流，降落伞将无法展开，我们将面临硬着陆。当探测器接近地球时，团队成员之间的紧张气氛愈加明显。我屏息凝视着电脑屏幕，观察返回舱内的电池是否启动。当电压达到11.44伏时，我的内心涌起一阵欣喜。我们成功了。

随后，探测器顺利执行了返回舱分离操作。我的眼睛紧盯着遥测数据和多普勒数据。我们的返回舱在距离月球1/3处的位置被释放，开始了向地球俯冲的为期4小时的旅程。

喝着咖啡，穿着新买的户外服装，我来到大厅，和我们的项目副经理迈克·莫罗击掌庆祝，这表明了当时的气氛。到目前为止，一切都按计划进行，但我并不知道，最惊心动魄的时刻还在后面。

几个小时后，我已经在空中。直升机的螺旋桨在犹他州上空旋转，我们的直升机划破大气层，追逐另一种形式的“天降之物”——我们的小行星样本。耳机里传来嘈杂的交谈声。空军射程指挥官的声音在数月的训练中一直是一种安慰，此刻他正解说着返回舱高速归家的旅程。

一切都取决于一个关键因素——降落伞展开系统。

返回舱进入地球大气层的过程尤为激烈。它以27 650英里每小时的惊人速度冲入大气层，巨大的速度转化为极端的热量，形成一个火球。坐在直升机前排的空军安全官员传来了第一个令人振奋的消息：NASA的高空飞机WB-57在加利福尼亚上空发现了再入大气层的航天器所产生的等离子轨迹，跟踪着我们的珍贵货物。

它以令人难以置信的速度冲击大气层顶部，但我知道它正是为此目的而设计的。尽管如此，那仍是一个极度紧张的时刻。我想象着我们的返回舱在空中呼啸而过，耳机里传来各种报告。在进入大气层后52秒，返回舱经历了最高温度。这是一个紧张的时刻，因为隔热罩必须承受极端高温，以保护内部的样本。在炽热的高温下，红外跟踪变得可能，让我们的空军同事能够监控它的下降过程。

在峰值加热后的短短10秒内，返回舱经历了超过30个G的减速度，从其惊人的速度中慢了下来。我知道它是为了应对这些极端条件而设计的，但我仍然屏住了呼吸。进入大气层后116秒，减速度下降到3个G，一个通过G开关控制的计时器本应启动减速伞的展开，以稳定返回舱，为下一阶段的大气层穿越做准备。

我竖起耳朵倾听着状态报告。返回舱已经到达10万英尺的高度，这是减速伞展开的临界高度。

“减速伞有迹象吗？”我带着一丝急迫问道。

“他们没有报告减速伞的情况。”安全官员回复道。

当直升机飞行员听到舱体以惊人的8 000节速度进入犹他州试验和训练场空域时，他对着麦克风倒吸了一口气。我转向我的联合研究员斯科特·桑福德，我们交换了担忧的眼神。

“这不妙。”我低声说道。

2004年创世纪号探测器返回失败的灾难性画面浮现于脑海

中。[1]那次事件被我们视为最糟糕的情况，并在无数次设计评审和测试中反复提及。而现在，我们携带的样本——软黏土矿物，相较于创世纪号携带的样本要更加脆弱，极易被沙漠的风吹散，像是一个即将爆炸的火药桶，里面蕴含着巨大的科学宝藏，随时可能丧失。

我的心像战鼓一样在胸腔里狂跳，双手也颤抖着。一想到那些摄像机将记录下我们失败的瞬间，并将这一画面传播到全世界，我的内心就充满了深深的无助和绝望感。

然而，就在这时，安全官的声音如天籁般穿透无线电通讯中的背景噪声干扰："主降落伞已被发现！"

返回舱在我们头顶上空，开始垂直下降。我再也无法抑制内心的激动，发出一声胜利的咆哮，吓到了直升机上的工作人员。泪水涌上我的双眼，模糊了视线，同时放大了我内心的解脱感。

希尔空军基地利用雷达和红外技术追踪了返回舱的下落过程，为我们提供了精确的着陆点信息。多个追踪站相互传递返回舱的位置信息，理论上实际着陆位置与预期着陆位置之间的偏差小于30英尺。然而，由于坐标的混淆，团队在寻找返回舱的过

1　创世纪号任务是由 NASA 于 2001 年发射的空间探测任务，目的是采集太阳风样本并返回地球。由洛克希德·马丁公司负责工程建造和操作，但在 2004 年 9 月，创世纪号返回地球时，降落伞未能打开，导致舱体在犹他州沙漠高速撞击，造成样本容器的破损和污染。这次失败被认为是一次重大事故，尽管如此，科学家们还是设法从中获取了一些有用的数据。

程中遇到了困难，尽管有多个追踪站的配合，但仍然无法准确定位它的位置。这种状况让我心中的疑虑和不安感挥之不去，担心能否顺利找到返回舱。返回舱在高空没有展开减速伞仍然是个谜，难道它真的硬着陆了吗？

终于，我们找到了它——我们的星际宝藏，不协调地落在了距离一条公路仅70英尺的地方，仿佛被一只无形的手放在那里。它看起来那么不真实，就像我们训练演习中的道具一样。但它焦黑的外表却述说着一个非凡的故事，证明它经历了穿越大气层的火热旅程，温度飙升至5 000度。

它就在那里，完好无损，纹丝不动，完美得像奥运会上体操运动员稳稳落地一样。返回舱砸出了自己的陨石坑，它的防护罩在犹他州的土壤上留下了印记，这不仅是对地球的一个标记，更

但丁和机组人员记录太空舱着陆点的环境状况（NASA 供图）

是人类理解宇宙的一个标记。

我站在一旁，看着洛克希德公司的精英技术人员小心翼翼地将返回舱固定在一个专用货物网中，然后用一根100英尺长的绳索将其悬挂在1号直升机下方。当直升机优雅地带着网住的返回舱升入天空时，我停下脚步，被这一宛如电影般的升空场景深深吸引。仿佛这个返回舱是来自宇宙边疆的使者，现在由地球的战车引导着。

随后，2号直升机也腾空而起，用它的摄像机捕捉每一个画面，供后人和电视观众观看。不远处，3号直升机载着洛克希德公司的技术人员掠过沙漠地面，其旋翼产生的气流吹散了地面的细沙，使其变得模糊。他们在这场盛大的行动中完成了自己的任务，也升空离去，留下我们——现场团队的3人——站在坚实的大地上。

引擎的合唱声逐渐减弱，被广袤的犹他州沙漠吞噬，周围的声景变得极简：只有微风轻轻拂过沙石海洋时发出的低语。一种深深的成就感席卷了我。

在这片宁静之中，我的思绪飘向了地球的另一个孤独角落——南极洲。我回想起C-130飞机起飞时的轰鸣声消散在冰冷的寂静中，只留下我们开始一段非同寻常的探险。犹他州沙漠和南极荒野仿佛在用同一种通用语言诉说着孤独和探险。

我让自己沉浸在这片原始、无瑕的美丽景色中，这意外地成了欢迎我们这位宇宙来客的港湾。作为将这些古老样本带回地球的团队的一员，并站在它们首次接触地球的同一片土地上，这种感觉难以言表。

在广阔的犹他州沙漠中，我的思绪飘向天空，追随着我们仍在地球附近疾驰的探测器。即使我们在庆祝一个任务的结束，另一个任务也正在成形。探测器刚刚执行了一次偏转机动，将自己定位在太阳轨道上，以确保它不会和返回舱一起被吸入地球大气层。NASA将我们的任务重新命名为OSIRIS-APEX，并规划了一条新的轨迹，指向另一个天体——阿波菲斯[1]——一颗充满科学潜力和公众吸引力的小行星。

虽然我们之前的贝努任务主要集中在样本采集上，但OSIRIS-APEX有一套新的目标。这不仅仅是一次数据收集任务；它是一项转向行星防御的任务，旨在密切监测阿波菲斯的轨道、构成，以及其在预期的2029年历史性近距离接触地球期间与地球引力场的相互作用。

从研究B型小行星贝努，转向研究S型小行星阿波菲斯，为我们提供了一个前所未有的科学机会——对两种截然不同的宇宙天体进行比较研究。当我们站在这一新冒险的起点时，我们的团队也经历了变革，体现了任务自身的进化性质。

其中最显著的变化之一是领导层的变动。虽然我继续担任OSIRIS-REx样本分析任务的首席研究员，但OSIRIS-APEX任务的领导权则交给了丹妮。她从一名本科生晋升至首席研究员的历

1　99942 Apophis，小行星 99942，又译为毁神星。据先前的报道，2068 年这颗小行星会对地球造成威胁，不过根据最新报道，至少在 100 年之内，它应该都不会危及地球的安全。

程，象征着太空探索中无限的可能性。她的经历，就和我的经历一样，是教育和指导的强大力量的有力证明——这些是推动创新和个人成长的强大催化剂。

有超过200名本科生和研究生为这个宏大事业做出了贡献。他们的青春活力为我们的任务注入了动力，再次证明了培养下一代宇宙探索者的重要性。OSIRIS-APEX不仅仅是一项任务，还是一个持续学习和科学传承的平台。

当我思考这一转变时，一股强烈的自豪感涌上心头。从OSIRIS-REx到OSIRIS-APEX的过渡不仅仅是任务目标的飞跃，它还体现了迈克·德雷克的信念：通过培养下一代，我们将历代的智慧凝结成开创性的发现。

因此，当我们面对广袤无垠的未知宇宙时，我意识到我们的使命，我们的旅程，不仅仅是科学意义上的探索。这是一项充满情感和人文关怀的事业。我们不仅仅是在寻求理解宇宙，还在为未来的探索者铺平道路，让他们能够提出更大的问题，寻找更大胆的答案，并触及宇宙的深远之处。

✦✦✦

当直升机降落在迈克尔陆军机场的停机坪上时，我能感觉到等待我们的集体兴奋。一顶帐篷已经搭好，里面聚集了很多贵宾，包括亚利桑那大学校长，以及洛克希德·马丁公司、美国国家航空航天局（NASA）、日本航天局（JAXA）、加拿大航天局（CSA）

的代表，还有许多其他祝福我们的人。我的家人——凯特、桑德尔和格里芬——显得格外兴奋，他们的脸上洋溢着笑容。

从直升机上走下来，我不禁高举拳头以示胜利。人群爆发出欢呼声，整个机场都弥漫着热烈的气氛。当我走向帐篷时，受到了英雄般的欢迎，我拥抱了凯特和我们的孩子们，心中充满了喜悦、宽慰和这一时刻的深远意义。

当我向祝福我们的人和媒体致辞时，实际上我的注意力已经转向了返回舱，它当时正在洁净室中接受检查。从录像中可以看出，返回舱在下降过程中出现了异常，减速伞未能按计划在高空展开，导致返回舱在高层大气中翻滚。然而，奇迹般地，主伞在稳定时刻展开精辟，实现了精准着陆。我不禁将这最后一刻的危机与化解归因于贝努本身——这个淘气的小行星在向我们透露其秘密之前，似乎又给我们带来了一个惊喜。

太空舱回收后，但丁等人抵达迈克尔陆军机场（NASA 供图）

稍后，我驱车数英里来到我们的临时洁净室，那里的细致工作已经在紧张进行中。管理团队以军事精确度进行操作，小心翼翼地将科学容器放入一个保护性的特氟龙袋中，准备将其运往约翰逊航天中心。一架C-17飞机在停机坪上等待着我们，这让人想起7年前最初将我们的航天器运送到肯尼迪航天中心的那架飞机。我们已准备好完成这一阶段的最后一步——将我们来之不易的样本送到它们的新家进行分析。

第二天早上，人们既兴奋又期待。机库里一片忙碌，与其说是常规的飞行前准备，不如说更像是一场节日聚会。团队成员四处走动，拿着袋装早餐，确保返回舱已被安全存放好，准备继续前往休斯敦的旅程。这些珍贵的物质经历了漫长的太空之旅，现在象征着人类努力与合作的缩影。

C-17运输机于上午11: 40平稳降落在休斯敦的艾灵顿机场，标志着这段跨越数十亿英里、凝结无数辛勤工作和期待的旅程终于画上了句号。现场气氛热烈，我们的团队与NASA工作人员一起，立即转移到约翰逊航天中心专门为贝努样本建造的洁净室。

身处那个房间，仿佛站在了圣地之上。精心设计的手套箱里装着科学容器——这是我们窥探太阳系遥远区域的窗口。当我们准备打开它时，我意识到我们不仅仅是在检查岩石和尘埃，我们还是在打开宇宙历史的宝库。

当外盖被掀开，TAGSAM暴露出来时，我们集体倒吸了一口气。里面，黑色的粉末和尘埃颗粒闪闪发光，仿佛在刻意保留着它们古老的秘密。三年来，这个宇宙宝库首次被开启，揭示了数十亿年前远离地球的故事的线索。

我们研究的每一个粒子都是一个独立的宇宙，有望阐明几代人以来一直激发着人类好奇心的问题——我们的太阳系是如何诞生的，像贝努这样富含碳的小行星在向地球播下生命前驱体方面可能发挥了什么作用，甚至可能揭示出宇宙中生命普遍存在的线索。

开封后的程序执行得如同外科手术般精确。每一个粒子都被记录归档，每一个数据点都被仔细分析，但在这严谨的科学背后，仍有空间留给奇迹，留给梦想——梦想这些粒子能告诉我们什么，以及它们会对未来几代宇宙化学家和天体生物学家产生怎样的影响。

即使我们沉浸在这一重大时刻，也深知旅程远未结束。这仅仅是跨越数十年研究和探索的漫长叙事中的第一章。这一叙事将由我们教育和激励的人继续传承，他们将继续在无限微小的世界中寻求非凡，在一粒小行星尘埃中发现宇宙。

那天晚上，我坐下来思索OSIRIS-REx任务的漫长之旅。这一任务由探索和发现的集体梦想所塑造，有着大胆的目标：通过造访近地小行星贝努，揭开我们太阳系的秘密。这个壮举不仅是对人类创新的致敬，也是对我们不懈探索宇宙奥秘的致敬。该任务有望让我们对富含碳的小行星这一原始遗迹获得革命性见解，有可能彻底改变我们对行星起源乃至生命起源的理解。

在众多教训中，最重要的是坚持和韧性。太空探索是一项危险的事业，是与不可预测和未知因素的较量。我亲切地将贝努称为“骗子小行星”，它也确实名副其实，在每个阶段都给我们带来了谜团和障碍。从它的地形——一个通过微弱引力勉强凝聚在一起的岩石、砾石和巨石的混合体——到TAGSAM接触时其表面出乎意料的类似于流体的行为，贝努时刻让我们保持警惕。然而，逆境只会磨炼我们的决心。我们不仅生存了下来，还在适应和创新中蓬勃发展，不仅达到了我们的目标，甚至超越了目标。这种坚韧不拔，这种人类与生俱来的毅力，一直是我职业生涯中的忠实伙伴，证明了追求真理的过程值得经历任何磨难。

另一个重要的教训是合作的深远影响。我曾与世界上一些最优秀的人并肩作战，意识到我们最令人敬畏的成就诞生于团结和共同的热情之中。当我们凝聚资源和才华以实现共同的目标时，太空的无底深渊就显得不那么难以逾越了。

领导OSIRIS-REx任务是一种荣誉，这种荣誉也伴随着各种情感（包括压力、焦虑、激动、喜悦等），这些情感交织在一起，像风暴一样强烈。从发射时的欣喜若狂，到样本采集时的紧张刺激，再到返回舱安全返回地球时的如释重负，这些都不断提醒我，这一宏伟愿景的实现离不开集结在一起的科学家、工程师和太空爱好者的杰出团队。他们坚定不移的奉献精神和专业知识是我们成功的基石，他们对发现的热情极具感染力。一股深深的感激之情涌上心头，我为自己能够参与这次非凡的宇宙朝圣之旅感到无比荣幸。

作为一名小行星猎人，这段旅程对我个人而言有着莫大的意义，是一场对内在和宇宙的双重探索。这次探索不仅仅是为了到达天体所在之地，更是为了深入探索我自己的内心，提炼出作为探索者的真正意义。我明白了，探索既是对外的旅程，也是对内的旅程；它既能解答古老的疑问，也产生了新的问题，推动我们不断前行。这种追求，无论是个人的还是集体的，都超越了时间和空间的限制。

从本质上讲，OSIRIS-REx任务是一次挑战技术极限、展现人类不屈不挠精神的旅程，展示了我们的创造力和坚韧不拔的意志。我有幸不仅仅是一名旁观者，更是这段惊人史诗的积极参与者。

我对OSIRIS-REx遗产的愿景是，它能够持续激发人们的灵感，延续人类的好奇心、雄心壮志和探索精神。展望未来，我们的遗产将成为未来几代太空任务的指路明灯，它将作为人类敢于梦想、敢于挑战认知边界、敢于触碰宇宙时所能取得成就的不朽象征。

最后，OSIRIS-REx是一种号召——邀请人类继续向星辰迈进，拥抱未知，于平凡中发现非凡。它提醒我们，宇宙是我们的课堂、实验室和灵感源泉，而我们的探索之旅才刚刚开始。

尾声二

碳孪生体

探测器执行了“触地即走”采样操作，搅动了小行星表面并收集了古老的岩石碎片，其中就包括这对纠缠在一起的碳原子双胞胎中的一个。

样本返回地球后，最终被送到亚利桑那的一个实验室，经过一系列的处理、筛选和分析。对这些碳酸盐矿物进行的同位素分析揭示了一个有趣的特征，这仿佛是来自宇宙的信息，跨越亿万年的时光回荡而来。

嵌入在但丁的DNA中的地球碳原子感受到了一种熟悉的震颤。仿佛一根时空之线被拉紧，跨越了无法想象的距离。这对碳原子双胞胎在数十亿年后重逢，以一种人类无法理解的语言交流着。

携带有流浪碳原子的碳酸盐矿物被置于最先进的质谱仪中，其分子被气化并带电，准备进行分析。数据开始源源不断地流向但丁的屏幕，形成了暗示原子起源的波峰和波谷。它所包含的信息是天体生物学领域的罗塞塔石碑[1]，是解锁新科学视野的钥匙。就好像流浪的碳原子在但丁的耳边低语着宇宙的秘密——关于太阳系早期历史、生命形成条件，甚至生命与意识之间联系的线索。

这是科学上的一次巨大胜利，但对但丁来说，这一刻有着深深的个人意义。这不仅仅关乎岩石和原子，更是志同道合的灵魂的相遇。曾经只是原始地球地壳中一个碳原子的地球孪生体，经历了生命的旅程，成为一个能够去爱、拥有智慧和进行科学探索的有意识生物的一部分。那个被抛入冰冷太空的流浪孪生体，找到了回归这个充满生命、思想和可能性的世界的路。

于是，这对碳原子双胞胎重逢了，各自都为人类理解的巨大飞跃贡献了力量。其意义是巨大的。当但丁展望未来时，他知道这项研究将是开创性的，问题会带来答案，而这些答案又会引发更多问题——这将是一场宇宙之舞，只要人类的好奇心驱动着精神，这场舞蹈就会持续下去。

地球上的孪生碳原子继续留在但丁体内，成为这个触摸过星辰的人的一部分。流浪的孪生碳原子则永远被科学数据所铭记，如今在但丁新成立的亚利桑那天体生物学中心扮演着基石的角色。这对双胞胎各自承载着它们星际起源的记忆，推动人类走向一个未来，在那里，天空不再是限制，而是邀请。

在那微小但无法估量的瞬间，但丁感受到了万物的统一——

1　罗塞塔石碑是一块著名的古代石碑，帮助学者解读了古埃及的象形文字。类似地，此处提到的信息有助于解读宇宙和生命起源的复杂问题。

宇宙的与亲密的，古老的与当下的，微小的与无限的。最终团聚在一起的碳原子双胞胎在生命和探索的宏伟画卷中找到了它们的新角色，永远地交织在一起。

致谢

这本回忆录是向那些在我人生旅程中留下深刻印记、以非凡的集体努力塑造我人生的杰出人士致敬。我向那些发挥了关键作用、以独特方式助力本书创作的人致以诚挚的感谢。

我对我的妻子凯特和儿子桑德尔、格里芬怀有最深切的感激之情，感谢他们在整个写作过程中给予我始终如一的支持和理解。你们是我的坚强后盾和灵感来源，能将此书献给你们，我深感骄傲。

我的母亲保拉（Paula）和我的继父保罗（Paul）一直是我无尽的鼓励源泉。在我长时间的商务旅行期间，你们挺身而出，用爱和关怀担当起照顾家庭的重任。你们对我的信任一直是我力量的源泉，你们也是我最大、最坚定的支持者。你们的爱是我成功的基石，我对你们在塑造我人生中扮演的重要角色感恩不尽。

我的兄弟尼克（Nick）和马特（Matt）是我人生旅程中不可或缺的一部分。你们的爱、鼓励和兄弟情谊对我来说是无价的。感谢你们始终陪伴在我身边，为我加油打气，成为任何人都希望拥有的最好的兄弟。

我的岳父岳母迪恩（Dean）和乔安·克朗比（Joann Crombie）以热情和爱接纳了我。你们的鼓励对我来说意义非凡。迪恩作为航空航天工程师，对OSIRIS-REx项目的浓厚兴趣真正鼓舞了我，见证他的梦想成真是一次非凡的经历。在我无数次外出期间，乔安对她两个外孙无微不至的照顾，真的是无比珍贵的恩惠。

我想纪念和致敬我的导师兼好友迈克·德雷克（Michael Drake）博士。OSIRIS-REx是他的梦想，他对探索的热情指引着我们所有人。遗憾的是，在我们赢得执行这个任务的合同后仅仅4个月，他就去世了。德雷克博士的遗志通过OSIRIS-REx任务的成功得以延续，我感激他对我人生的影响。

我感激我的卓越合作者和写作导师阿什莉·斯蒂姆森（Ashley Stimpson），她的指导和专业知识对我产生了深远影响。在她的支持下，我成功地从学术写作转型为为更广泛的读者群体创作故事。阿什莉出色的项目管理能力确保了这本回忆录的进度，而她富有洞察力的反馈帮助精炼了叙事，使之与读者产生共鸣。

这本书的同行评审者在塑造其最终形式方面发挥了至关重要的作用。他们深思熟虑的评论和建设性反馈提供了宝贵的见解，有助于完善叙述并确保其准确性和真实性。凯瑟琳·沃尔纳（Catherine Wolner）、阿林·巴特尔斯（Arlin Bartels）和罗伯特·彼得森（Robert Petersen）带来了不同的视角和专业知识，每个人都为手稿贡献了独特的观点。他们对细节的关注将回忆录提升到了新的高度。

向我的经纪人劳伦 · 夏普（Lauren Sharp）以及永贞创意管理（Aevitas Creative Management）的整个团队致以衷心的感谢，感谢你们对这本回忆录始终如一的信任，以及为确保其顺利完成所付出的不懈努力。

向我的编辑麦迪 · 卡德维尔（Maddie Caldwell）和大中央出版社（Grand Central Publishing）的优秀团队致以深深的谢意，感谢你们在本书手稿开发过程中提供的宝贵指导。你们的悉心投入对塑造这本回忆录起到了关键作用，你们充满感染力的热情激励我将其打造成尽可能完美的版本。

向这本回忆录中的主要人物——希瑟 · 伊诺斯（Heather Enos）、埃德 · 贝肖尔（Ed Beshore）、丹妮 · 德拉朱斯蒂纳（Dani DellaGiustina）、阿林 · 巴特尔斯（Arlin Bartels）、埃斯特尔 · 丘奇（Estelle Church）和卡尔 · 赫根罗瑟（Carl Hergenrother）致谢，感谢你们成为OSIRIS-REx任务背后的推动力量。你们对探索的热情、奉献精神和专业知识为我的写作增添了太空的奇妙色彩。在这本回忆录中，我塑造了你们的角色，以体现团队的多重元素，代表着亚利桑那大学、洛克希德 · 马丁公司和NASA戈达德太空飞行中心的重要合作伙伴。

向OSIRIS-REx任务团队中的主要顾问——包括卡里娜 · 贝内特（Carina Bennett）、里奇 · 伯恩斯（Rich Burns）、哈罗德 · 康诺利（Harold Connolly）、迈克 · 唐纳利（Mike Donnelly）、杰森 · 德沃金（Jason Dworkin）、戴夫 · 埃弗雷特（Dave Everett）、桑迪 · 弗洛伊德（Sandy Freund）、罗恩 · 明克（Ron Mink）、迈克 ·

莫罗（Mike Moreau）、迈克·诺兰（Mike Nolan）和安贾尼·波利特（Anjani Polit）致谢，感谢你们的不懈努力和协作。你们的综合专业知识使这次任务取得了巨大成功。

我衷心感谢OSIRIS-REx任务团队的所有成员，无论是过去的还是现在的成员，是你们的努力使得与贝努小行星的相遇成为可能。团队名单过于庞大，无法在此一一列出，但我要特别感谢以下人员在科学方面的贡献：科拉莉·亚当（Coralie Adam）、萨拉·巴拉姆-克努森（Sara Balram-Knutson）、奥利维尔·巴诺因（Olivier Barnouin）、克里斯·贝克（Kris Becker）、塔米·贝克（Tammy Becker）、博·比尔豪斯（Beau Bierhaus）、奥利维亚·比利特（Olivia Billett）、布伦特·博斯（Brent Bos）、比尔·博因顿（Bill Boynton）、凯拉·伯克（Keara Burke）、史蒂夫·切斯利（Steve Chesley）、菲尔·克里斯滕森（Phil Christensen）、本·克拉克（Ben Clark）、贝丝·克拉克（Beth Clark）、迈克·戴利（Mike Daly）、克里斯蒂安·德鲁埃·多布尼（Christian Drouet d'Aubigny）、乔什·埃默里（Josh Emery）、查克·费洛斯（Chuck Fellows）、马克·费舍尔（Mark Fisher）、达顿·戈利什（Dathon Golish）、维基·汉密尔顿（Vicky Hamilton）、卡尔·哈什曼（Karl Harshman）、艾丽卡·贾文（Erica Jawin）、汉娜·卡普兰（Hannah Kaplan）、杰伊·麦克马洪（Jay McMahon）、丹尼斯·罗伊特（Dennis Reuter）、巴沙尔·里兹克（Bashar Rizk）、本·罗兹提斯（Ben Rozitis）、安迪·瑞安（Andy Ryan）、丹·谢里斯（Dan Scheeres）、杰夫·西布鲁克（Jeff Seabrook）、艾米·西蒙（Amy Simon）和凯文·沃

尔什（Kevin Walsh）。

我要向我的本科导师卡尔·德维托（Carl DeVito）教授表达深深的感激。正是在您指导下从事SETI（搜寻地外文明）项目期间，我的眼界才得以拓宽，见识到了星空的奇妙和太空探索的无限可能。

我要向卡尔顿·摩尔（Carleton Moore）博士表示深深的感谢，感谢他为我提供了难以置信的机会。他对我能力的信任使我得以进入亚利桑那州立大学的珍贵资料库，这段经历既令人敬畏又使人谦卑。

特别感谢我的南极探险队队友们：我的帐篷伙伴丹尼·格拉文（Danny Glavin）、队长南希·查博特（Nancy Chabot）、登山教练约翰·舒特（John Schutt）和杰米·皮尔斯（Jamie Pierce），以及2002年南极陨石搜寻计划（ANSMET）的其他成员。你们的友谊、支持和坚韧不拔使得前往冰冻大陆的这次旅程难以忘怀。

感谢这本回忆录的读者，感谢你们与我一同踏上这段旅程。